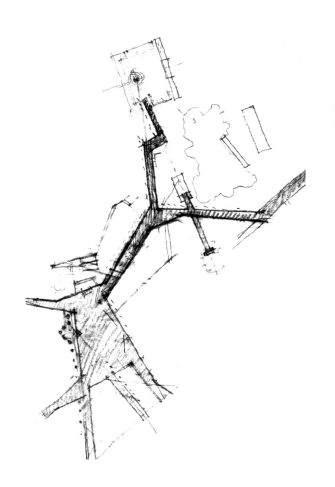

U0334331

5 • 12 Wenchuan Earthquake Memorial Design and Construction
A Dialogue with Nature

5·12 汶川特大地震纪念馆设计与建造
与自然的对话

CAI Yongjie

蔡永洁 著

同济大学 出版社
TONGJI UNIVERSITY PRESS

图 0-0 纪念馆入口鸟瞰

Contents

目 录

1 建筑：自然的一部分
Architecture：A Part of Nature

1）自然的

对一栋建筑来说，5·12汶川特大地震纪念馆的建筑造型是非建筑的，它平躺在山谷里，没有常人眼中突出地面的、鲜明的建筑形象。

这是一种与大自然对话的姿态，降低自己的地位，改变自己的角色，在突出对方的同时，彰显自己，使自身融入大自然。

图 1-3 属于自然的一部分

图 1-4 建筑与自然的对话

图 1-1 晨雾中的纪念馆

1. 对话自然：非建筑的建筑

A Dialogue with Nature: Non-Architectural Architecture

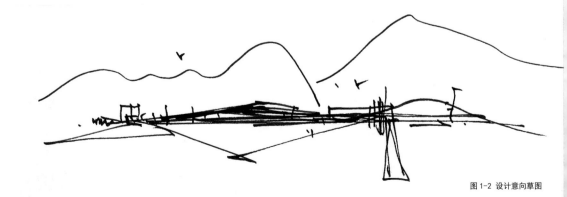

图 1-2 设计意向草图

在云雾下，依附在地面的纪念馆与周围的山丘、远处灾后重建的村庄浑然一体，仿佛为这环境而生，但并没有丧失自我。

图 1-5 云雾下的纪念馆

远处的山丘以及村庄被弱化了，水平向展开的纪念馆与背后的山丘形成绝佳的配合。

图 1-6 小山丘前的纪念馆

建筑平躺在山谷里，被覆土掩盖，看得见清晰的"裂缝"、入口广场、由原北川中学操场演变而来的祭奠园、隐约的小山丘及背后刻在地面的原宿舍楼的矩形建筑轮廓线。从空中俯瞰园区，建筑的影子几乎消失殆尽，看到的是地面的各种刻痕，它们构成了纪念馆的空间系统，简单，深刻。

N

0 20   50   100

图 1-7 总平面图

图 1-8 纪念馆鸟瞰

图 1-9 纪念馆俯瞰

图 1-10 阳光下的纪念馆

2）人工的

　　阳光下，纪念馆所呈现的完全是另外一种景象，修长的建筑轮廓与柔软的自然山体形成对比，锈蚀后的耐候钢板彰显出纪念馆自身的存在，建筑静静地匍匐在大地上，像在无声地诉说着什么。

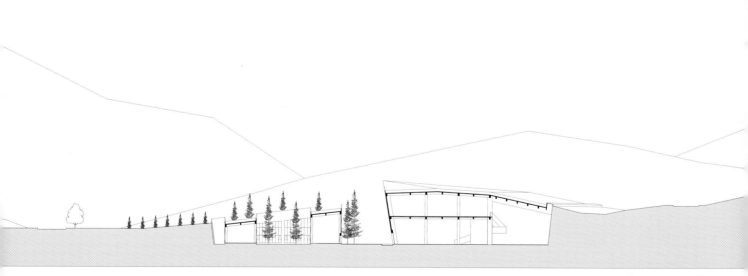

图 1-11 建筑与环境剖面图

图 1-14 远眺生命之门

图 1-12 黄昏时的寂静园区

　　黄昏时，园区内特别寂静，建筑的形与质更彰显无遗。白天的大量游客离开后，不时会有路过的行人，给纪念馆增添一些生气。

　　纪念馆的前面是一个大型广场，从这里可以进入纪念馆，也可以顺势进入"裂缝"通道，走向北面的祭奠园，或者穿过园区。广场原本是为在纪念日举办大型祭奠活动的场所，因此特别设计了一扇不太高的"生命之门"，作为整个园区的标志，也是集会时的舞台背景。

图 1-13 鸟瞰入口广场

从广场上望去，生命之门是裂缝通道的对景。从生命之门可以一眼望穿裂缝通道；同时它也是取景框，将自然的各种精彩细节框选出来。

图 1-15 入口广场与生命之门

图 1-16 从生命之门远眺裂缝

图 1-17 生命之门作为取景框

图 1-18 生命之门局部

图 1-20 夜色下的裂缝通道

走进裂缝通道，两侧建筑造成强烈的空间压迫感，这里既是一条园区交通主轴线，也是建筑造型的核心。裂缝通道在北侧分岔，一端通向高处的祭奠园，另一端通向园区外部，与东面过境的山东大道相连。

图 1-19 雾霭中的裂缝通道

图 1-21 正午烈日下的裂缝

图 1-22 裂缝内的水杉

图 1-23 裂缝内的座凳

　　在正午的艳阳下，峡谷般的裂缝显得非常坚硬，但充满变化。它一方面是切割器，是自然景观的取景框；另一方面，其内部的树木、绿化、休憩坐凳等元素共同定义着裂缝的内涵。

图 1-25 通向大自然的裂缝

图 1-26 通向生命之门的裂缝

　　裂缝的尽头，一侧是高处的祭奠园，另一侧则通向大自然。夜色中，微弱的灯光依稀显露出耐候钢板的凝重，与远处缥缈的山丘形成对比。整个环境尤其显得寂静，让人陷入沉思。

图 1-24 转折的裂缝墙壁

图 1-27 夜色中的裂缝

图1-28 纪念馆全景

3）既自然又人工的

在南面的山上远眺纪念馆，山谷里大地的裂缝沉默而有力，看上去就是大自然的一部分，然而又保持着自我。

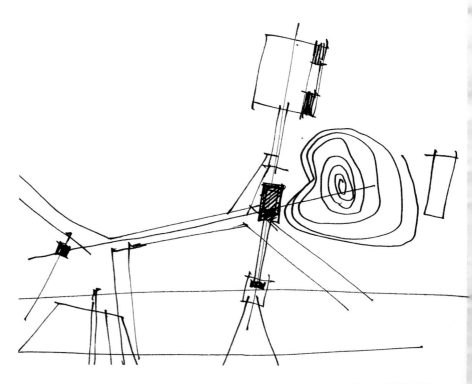

图 1-29 空间组织草图

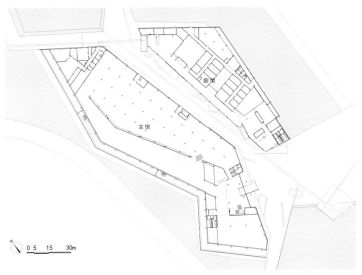

N
0 5 15   30m

图 1-31 一层平面图

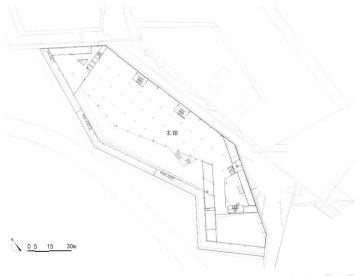

N
0 5 15   30m

图 1-32 二层平面图

　　裂缝与远山形成对话，它的两侧是纪念馆的主馆与副馆。主馆展示这次特大地震的严重灾害情况以及抗震救灾的英雄事迹，副馆是地震相关知识的科普展示与教育。

图 1-30 裂缝与山的对话

图 1-35 裂缝与远山

图 1-33 山脚下的纪念馆

从纪念馆南侧向北望去，建筑看上去十分雄伟。山脚下，起伏的建筑轮廓线与环境交融，耐候钢板被其身后绿色的山体和地面均质的草皮完整地衬托出来，广场南端的生命之门静静矗立着。

依赖耐候钢板的力量感，地面的缓坡被切分开来，形成大地艺术，人工的和自然的元素得到统一。从祭奠园回望，锋利的钢板轮廓与远山形成强烈的对比，这种效果令人深思。

图 1-34 雕刻着大地的钢板

图 1-37 主馆入口与副馆

图 1-38 切割自然的钢板

钢板不仅把建筑，也把被切分的山体有力地保护起来，静静地，深沉地而又稳定地。这种定义方式使人分不清是建筑还是山体，模糊了人工与自然的界限。

图 1-36 钢板切割着山体

均质的草皮也被裂缝割裂开来，裂缝中生长着水杉，春天到来，绿叶初发，
那是生命的生生不息。

图1-39 裂缝中生长的水杉树

图 1-40 黄昏中的生命之门

图 1-41 夕阳下的生命之门

图 1-42 耐候钢板与水杉

　　入口广场的南侧是生命之门，它矗立在空旷的广场旁，暮色中尤其凝重。

　　裂缝也是建筑的立面，由 5 mm 厚的耐候钢板构筑，采用开放式构造幕墙体系，以获得更好的防水与保温效果。更重要的是，因为板缝不需要硅胶密封，保证了耐久性及良好的视觉效果。

2. 记忆："裂缝"及北川中学的遗迹
Memory: "Crack" and Ruins of Beichuan High School

图 1-44 次轴和尽端的祭奠园

1）原北川中学的轴线

整个园区的景观设计以两条斜向交叉的裂缝轴线作为骨架，轴线的走向与原北川中学的遗迹紧密相关，保留了原北川中学遗迹的重要元素，并进行抽象加工，使其融入环境，形成统一的造型语言。

原来的北川中学从东面的山东大道进入，进校门后的道路通向一栋教研楼，最后终结在高处的操场，所有这些空间元素都串联在一条轴线上。这条轴线被传承下来，成为整个园区空间组织的次轴线。次轴线并未贯通到祭奠园，而是构成隐性的空间关系，需要仔细观察才能辨认。

图 1-43 沉闷的裂缝次轴

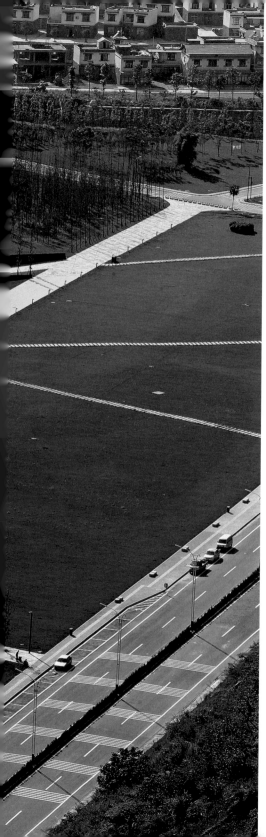

图 1-46 次轴上的小广场

2）原北川中学的入口

　　原北川中学校门位置也是次轴线的起始点，特地设置一个小型正方形广场，暗示学校曾经的存在。

图 1-45 入口大广场和原校门小广场

图 1-48 云雾下的小土丘

3）"入土为安"后的教学楼废墟

　　云雾下，锋利的建筑轮廓线的裁剪效果显得温和了许多，覆土把原北川中学教学楼废墟掩埋成一个小土丘，向人们缓缓诉说着这场灾难，以及那些逝去的年轻生命。这个由建筑废墟覆土而成的小土丘也是裂缝主轴线的对景，是整个空间体系中的重要元素。

图 1-47 土丘作为对景

57

图 1-50 用作祭奠的建筑轮廓

4）宿舍楼的建筑轮廓

紧贴着小土丘原本是地震中幸存下来的宿舍楼，后来拆除了，通过大地艺术的表现手段，同样用耐候钢板将其建筑轮廓线永远地留在了大地上。在这个轮廓线下面，安放了许多死难者的骨灰盒，为此专门设置了通道，时常会有人前去凭吊。

图 1-49 作为地景的建筑轮廓

图 1-51 祭奠园入口

图 1-52 祭奠园外墙

图 1-53 祭奠园内墙

图 1-54 祭奠园鸟瞰

5）操场演变的祭奠园

原北川中学遗迹中被保留最多和最易辨识的是操场，看台完整保留了，配上"L"形围墙，构成一个相对内向和安静的祭奠园。围墙的外侧依然是耐候钢板，内侧则由 35 mm 厚的黑色板岩叠砌而成，营造出富有沧桑感的视觉效果。祭奠园内布置树阵，树阵中放置了四件展品：抗震救灾时使用过的两辆车和两艘船。

3. 室内空间：中性的呈现
Interior Space: Neutral Performance

图 1-56 主馆门厅

图 1-57 两层通高的主馆门厅

出于为后续展陈设计提供最大灵活性的考虑，室内空间设计尽量简化，只有门厅和序厅作了空间造型上的变化处理，室内装修从地面、墙面到顶棚全部采用水泥美形板装饰，统一的材料产生一种中立的效果，并不因为形的变化而受到影响。

图 1-55 主馆门厅内楼梯

63

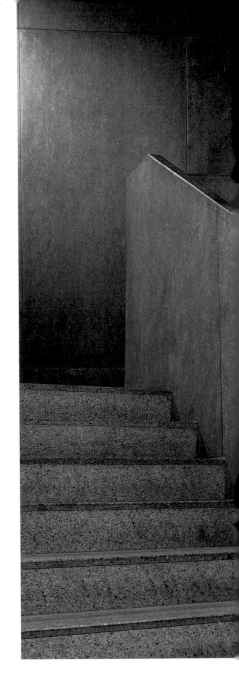

图 1-58 楼梯扶手转折

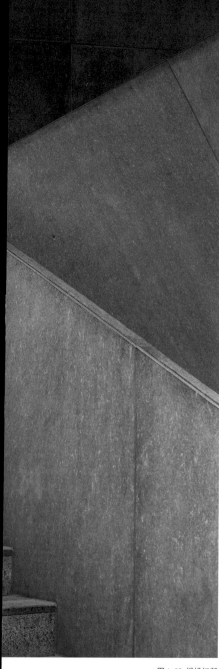

图 1-59 楼梯细部

图 1-60 楼梯

　　楼梯的栏板也采用同样材料，为追求造型简洁，放弃了常规扶手，将栏板的厚度设计为与常规扶手一致；楼梯的踏步采用与水泥美形板的视觉效果最接近的灰色花岗岩。

2

事件：5·12 汶川特大地震

Disaster：5·12 Wenchuan Earthquake

1. Wenchuan Earthquake

2. Protection of Ruins and Conceptual Plan

1. 汶川特大地震

2. 遗址保护与策划

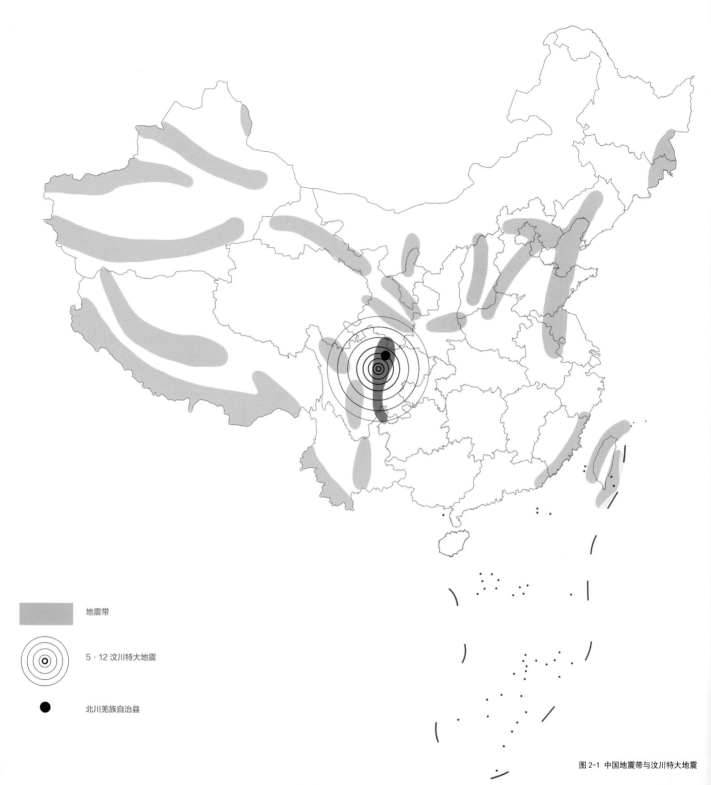

图 2-1 中国地震带与汶川特大地震

地震带

5·12 汶川特大地震

北川羌族自治县

1. 汶川特大地震
Wenchuan Earthquake

图 2-2 震后的北川县城

　　2008 年 5 月 12 日 14 时 28 分 04 秒，四川省汶川县发生里氏 8.0 级地震，造成 69 227 人遇难，37 4643 人受伤，17 923 人失踪。此次地震为新中国成立以来破坏性最强、波及范围最广的一次地震，被称为"5·12 汶川特大地震"。

图 2-4 震后的北川中学

图 2-5 震后的中学操场

北川羌族自治县位于四川省绵阳市西北郊，震前人口 16.1 万人，是汶川大地震中受灾最严重的区域之一，原治所曲山镇被"5·12"特大地震夷为平地，成为地震中人员伤亡最集中的地区，罹难者逾 15 000 人。

北川中学所在的县城西南部的任家坪村也受到严重破坏，其中北川中学原有师生 2 900多人。地震中两栋五层楼教学楼垮塌，近千名师生被埋，伤亡惨重。在这里，不仅师生们组织了自救，救灾部队也开展了大规模救助，当时抗震指挥部就设置在北川中学前，包括指挥中心、前线医院、志愿者联络中心等。因此，北川中学成为这次大地震重要的事件发生地和重要纪念地。

图 2-3 震后的北川县城街道

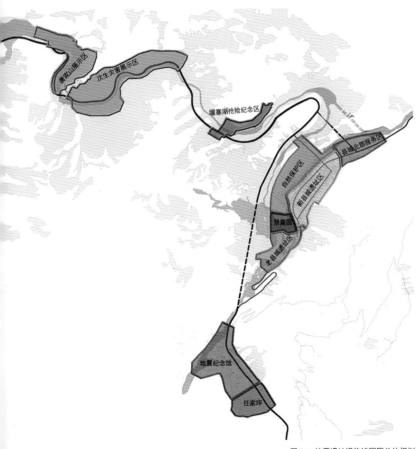

墨家山展示区

次生灾害展示区

堰塞湖抢险纪念区

县城北郊服务区

自然保护区

新县城遗址区

祭奠园

老县城遗址区

地震纪念馆

任家坪

图 2-6 地震遗址博物馆园区总体规划

2. 遗址保护与策划
Protection of Ruins and Conceptual Plan

图 2-7 地震纪念馆建设范围

2008 年 5 月 22 日，时任国务院总理温家宝第二次亲临北川县城，倡议设置地震遗址博物馆，包括保留老县城、堰塞湖和修建地震纪念馆，以纪念逝者，进行地质科学研究和科普宣传。

2008 年 8 月，上海市接受委托，承担"北川国家地震遗址博物馆"规划策划工作，并组成由同济大学、上海市城市规划管理局、上海现代建筑设计集团具体负责，以同济大学为主持单位的上海市支援"北川国家地震遗址博物馆"规划项目组，项目组由 15 名相关学科方向的专家组成。

专家组先后十多次深入灾后现场及周边地区进行踏勘和相关资料收集，在此基础上数次调整深化，并听取国家及四川省相关部门、绵阳市及北川羌族自治县等各方面的意见，完成了《永恒北川——北川国家地震遗址博物馆策划与整体方案设计》，并于次年 6 月经相关部门审批通过。整体方案由串联在山谷里的四大组团构成：最南端的地震纪念馆、中部的北川县城遗址保护区、堰塞湖抢险纪念区，以及最北端的唐家山自然风光与羌族文化及次生灾害展示区。

5·12 汶川特大地震纪念馆（原名"北川地震纪念馆"）的建设是整体方案的重要组成部分，纪念馆选址于任家坪，包含了原北川中学校址在内的共计 14.23 hm² 建设用地。

3

理念：人与自然的对话

Concept： A Dialogue between Man and Nature

1. 缘自场所的自然决策

Introduction: Natural Decision from the Site

图 3-2 北川中学坍塌的教学楼和完好的宿舍楼

图 3-3 地震后的北川中学校门

　　爬上对面的悬崖，回头望，纪念馆怎么看也不像建筑，它没有突出地面的形体，也没有期待中的建筑立面，它更像是一次特定事件留在大自然中的痕迹。

　　2010 年 12 月 27 日，在纪念馆建设正式开工的前一天晚上，建筑师刚刚到达绵阳，面对当地记者解释：建筑设计中没有灵感，后来被称为"裂缝"的构思主题缘自第一次踏勘基地时的直觉。当大地震后满目疮痍出现在眼前，有的房子倒了，有的房子还完好，特别是知道倒塌的北川中学教学楼下面还掩埋着无数少年的尸骨，再看看被摧毁的北川老县城，结论就只有一个："这里不能再建造房子了！"

　　这是一种专业的思考，更是一个普通人面对自然威力的理智反应。

　　但不造房子，造什么？

图 3-1 远眺地震纪念馆

77

图 3-5 在大地上雕刻

设计构思来自两方面：一是大地艺术中对人工与自然两者关系的讨论以及表达方式；二是如何应对原北川中学遗迹。

最后的设计决策可以被理解为"非建筑"的，它放弃了建筑设计通常采用的实体塑造，通过不太容易被感知的空间刻画，在山脚下开凿出引导活动路线的空间轨迹，营造出与环境浑然一体的大地景观，实践了人与大自然的审慎对话。这种特殊的建筑形象，试图传递敬畏大自然并希望与之和谐共处的信息，同时通过无声的方式展现纪念性建筑应有的纪念性特征，以表达对地震中逝去生命的永恒祭奠。

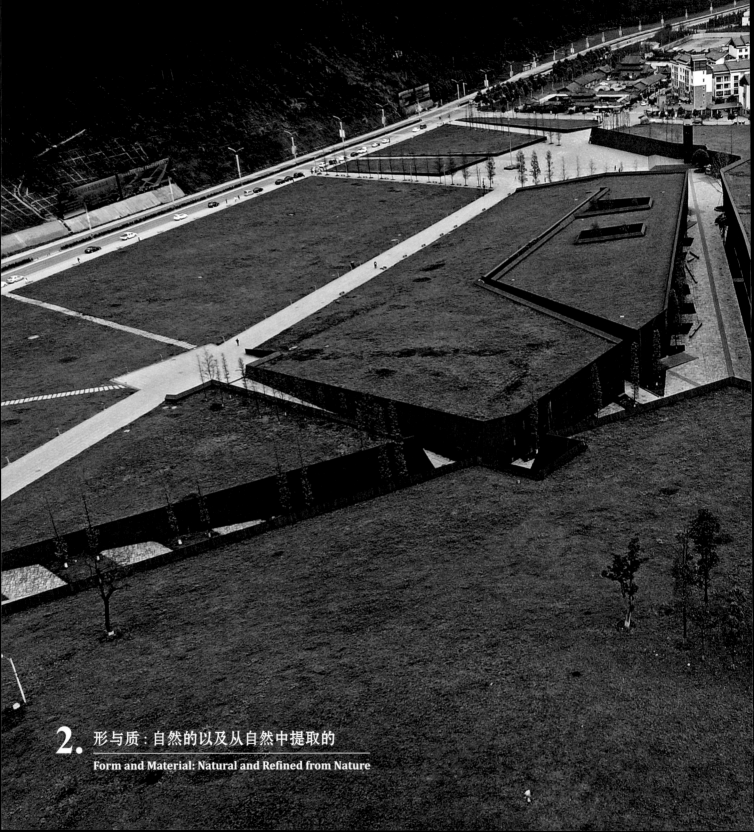

2. 形与质：自然的以及从自然中提取的

Form and Material: Natural and Refined from Nature

与大自然对话即是讨论人类活动对大自然的影响，也即是探讨人工与自然两种属性的关系。人类的一切活动都会在自然环境中留下痕迹，建筑师的活动尤其如此，它甚至可能是人在自然界里留下痕迹最多的活动。人类的建造活动与自然的关系，可以通过三种不同的方式呈现出来：它一般是破坏性的，至少从自然生态的角度看常常如此，这种情形大规模地体现在我们今天的建造活动中；它可以有机地融入自然环境，传统乡村建筑大多如此，办法是自然的材料与生土的建造，这种方式延续了数千年；它也可以与自然环境形成有机对话，即一种既展示人类文明，又尽可能减少破坏自然环境的建造，如果提出更高的要求，它还应该承载建筑的文化内涵，这是我们今天最倡导的建造方式。

建筑师选择了第三种方式，通过形式与材料两个层面的操作表达。

1）从自然现象中提取的形

建造地震纪念馆的首要目的是缅怀在灾难中逝去的无数生命，因此，建筑造型的重要任务就是通过一种与事件相关联的形展示纪念性。由于从一开始就没有打算塑造一个宏伟的建筑形象，体现纪念性特征的方式则成为设计构思的焦点。最初的想法是一种直觉，这场灾难其实是大自然在传递一个信息：我们别无选择，必须尊重自然，并与之和谐共处。

这一基本观念成为贯穿整个设计工作的线索，接下来的任务是如何在设计构思、造型控制、材料选择和表达上传递这一信息。

不做加法，就做减法。就是将大地当作雕刻对象，对其进行必要的"形"的加工，雕刻掉多余的部分，留下需要的活动空间，实现地景还原与人文干预的有机结合。具体而言，就是在基地上雕刻，让人工融入自然。

81

图 3-6 大地裂缝

图 3-8 形 - 裂缝局部

由于整个园区用地面积很大，而且高低起伏，这种顺势在大地表面进行的雕刻很容易整合地形变化，以一条"裂缝"的造型主线控制整个园区。裂缝取自自然现象，让人联想起地震之后的大地裂缝，或许是久旱的田野，也能让人想到心灵的伤痕。裂缝的两侧是纪念馆的主馆与副馆，基本隐藏在覆土下面，只有裂缝两侧立面上的开窗和入口暗示着建筑的存在。裂缝的两端，南面是纪念馆主入口的前广场，可以在此举行大型纪念活动；北侧连接着高处由原学校操场演变而成的祭奠园。

事后推测，方案最终能被决策者选中，关键在于没有突出地面的高大建筑物。综合各种信息可以找到的解释是：如果建造一个高大宏伟的纪念馆，可能会时刻唤起死难学生家属对原北川中学建造质量的质疑，从而留下一个长久的话题。决策者考虑社会和谐，建筑师关心尊重生命、尊重自然的普适价值。尽管视角不同，建筑师与决策者偶然走到了一起，是一次幸运的巧合，但不同的价值取向为建筑实施过程中的分歧埋下了伏笔。

图 3-7 形 - 耐候钢板与草皮

2） 自然的和从自然中提取的质

所有的材料都源自大自然，包括通过化学原理提取的有机材料，只是它们距离自然状态已经很远。为了表达与自然的关系，材料的选择尽量考虑了完全自然的以及距离自然非常近的材料，以完全自然的石材、草皮和水杉树与经过加工提炼的耐候钢板两类材料进行组合，两种类型的自然材料暗示着原始与文明活动的两种状态，在自然属性的表达中隐含了人工的痕迹。

第一种材料——耐候钢板是核心材料，它既是自然的，又是被提炼过，体现了自然与人工的双重色彩。它被运用在裂缝通道两侧的垂直界面上，其锈蚀后的视觉效果能充分展示裂缝的空间张力，与周围的大自然拉开期待中的距离。锈蚀的不均匀感增添了裂缝的自然效果，使简单的裂缝立面富有变化。设计期间还尝试过其他材料的运用，包括自然石材。最后，因其沉重的视觉与心理效果，钢板这种从自然中以物理原理提取的材料被认为最能表达设计意图而被选中。尽管耐候钢板价格昂贵，但总体造价通过其他经济实惠的材料得以平衡。

第二种材料是浅灰色锈斑天然板岩，铺装在裂缝地面以及入口广场上。如同耐候钢板一样，为了尽可能接近自然的状态，切分成大小不同的尺寸拼装。而石材表面的锈斑仿佛是耐候钢板表面剥落的铁锈，两者共同构成浑然一体的裂缝效果。

第三种材料是充满生命力的草，铺满了广场及裂缝以外的非硬地区域，包括屋顶和缓坡；广场和裂缝内的石材拼缝之间也慢慢长出草来。草的生机和色彩与耐候钢板及石材的坚硬形成强烈对比，进一步强化裂缝的视觉张力。

景观设计中另一个重要元素是水杉树，它的简单，它的色彩变化，特别是秋天如铁锈般洒落的树叶与耐候钢板交相辉映；而到了春天，柔软的绿叶则反衬出耐候钢板的坚硬，像是从岩石生长出来的不屈新生命。

四类材料强烈的自然属性与建筑表达均在群山环抱中的原北川中学校址上，使得建筑最后与所处环境无法分离。自然材料将继续保持自然的本色，耐候钢板也继续锈蚀，最终被大自然分解，回到大自然中去，不留下任何痕迹；剩下的只是具有生命力的草皮和树木，这就是自然和生命的轮回。

图3-9 质-耐候钢板与石材铺地

图 3-11 质的组合与对比

需要补充说明的是，建筑师原本建议种植冬天会干枯的草种，以展示春夏秋冬的差异，暗示生命变化；同时，冬天发黄的草皮与耐候钢板形成美妙的色彩呼应。但业主选择了常绿的草种，以表现永恒的生机。非常庆幸的是，大面积的植草坡地方案得以完整贯彻，没有因为设计和施工期间多次的讨论而补充灌木的装饰性图案。

图 3-10 质 - 水杉、草皮与耐候钢板

3. 空的取代实的：内敛的形彰显纪念性

Void Replaces Entity: Monumental Expression through Reserved Form

图 3-13 空与实 – 裂缝图底分析

纪念馆建筑造型的要点不再是建筑实体的造型，而是裂缝的造型，将空的当作实的来操作；反过来看就是塑造裂缝两侧的建筑与山体，使空的裂缝有效呈现出来。这种"以空代实"策略的价值在于：无论将空的部分如何塑造，它不可能像实体一样在大自然里过度彰显自己，从而与大自然冲突，它看上去更像大自然的一部分。

贯穿整个园区的裂缝成了造型的主角，它取代了建筑，使纪念馆失去了通常建筑物拥有的立面。最后，纪念馆建筑几乎是看不见的，能看见的只是地面上的刻痕。经过简化与抽象的裂缝融入了足够的人为加工，戏剧性的表达充满张力，与寂静的大自然形成强烈对比。

裂缝是一种无声的纪念方式，像回荡在山间里无声的歌，试图构成一种消隐性与存在感的平衡，实现内敛性与表现力的并存，从而达成建筑造型的纪念性特征与尊重自然的价值观之间的平衡。

图 3-12 大自然里无声的歌

4. 在地性呈现：关联事件的场所营造

Locality: Place Making in terms of Event

　　设计的初衷是建造一个属于北川的，属于这次地震事件的纪念物。为了尽量减少无关元素的干扰，设计完全回避了地域性的建筑元素——符号、形式、材料，将造型的重点放在了属于大自然的，不带任何文化色彩的元素上，通过裂缝表达人与自然、生命与死亡的主题；不带任何文化包袱，因此显得简单而深刻。

图 3-14 暮色中的建筑

1）关于事件的形

　　裂缝是大地震的印记，给人的联想非常直观，其呈现方式却经过了简化与抽象。简化的处理使其与自然状态拉开一定的距离，以展示必要的人工特点，但又保证与自然状态的形式关联。抽象的结果一方面实现了建筑形式语言的艺术性升华，另一方面保证了合理的建造。其次是通过建筑材料（耐候钢板与自然石材）的选择，使裂缝（地面、建筑立面）与整个环境（草皮、树木、山体）形成有机对比，强化裂缝的视觉效果。特别是裂缝的走势和造型与原北川中学的校园遗迹在空间上密切关联，地势变化、轴线关系以及有意识保留的校园的相关痕迹都成为在地性表达的重要因素。穿行其间，裂缝的造型时而融入环境，时而又强烈地分割自然；这种交叉转换仿佛在不断地传递着自然与生命的信息。

　　当这种抽象形式与逝去的生命相关联时，毫无异议地展现出这个特定地点及特定事件的归属性特征。纪念馆属于这一片山，属于这一次灾难。造型唤起关于事件、地点、人物及事件的回忆，这种关联性保证了纪念馆作为大自然有机的组成部分，又显露出灾难后的追忆与思考。

图 3-15 在地性－通向祭奠园的台阶

图 3-16 在地性－与环境的对话

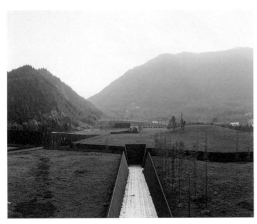

图 3-18 记忆 - 原北川中学轴线

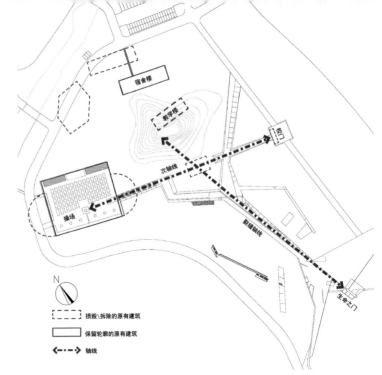

图 3-19 裂缝与北川中学的空间关系

2）关于场所的记忆

在方案设计阶段，关于原北川中学废墟以及尚存建筑的处理方式没有明确的指示。但建筑师有一个基本的态度：面对逝去的生命，特别是学校废墟下那么多年轻的生命，我们有责任让后人永远记住这场灾难。最简单的方法就是让学校的痕迹以某种方式保留下来。由于种种原因，北川中学的遗址后来被要求完整去除，这与建筑师的价值观产生了冲突。

建筑师坚持并最后能够贯彻的是将最能表达生命和事件的关键元素以某种抽象方式保留下来，并整合进纪念馆园区的总体布局。按照这个构想，原北川中学的各种设施（校门、校舍、废墟、道路、操场、树木等）被分成了必须保留的和可以拆除的两大类。选择的原则是：一是必须保留价值特别重大的，如倒塌的教学楼，其废墟中至今还掩埋着孩子们的尸骨；二是尽量保留能有机融入整体空间布局的元素，如校门、校门背后的轴线道路、道路延长线上的操场。通过对这两类选择性的保留，试图使纪念馆园区的景观造型总体上一气呵成，建筑造型也不会因为保留的元素而受到负面影响。相反，这种保留为园区的总体形象塑造提供了强有力的依据，同时，让细心的人清晰感受到当年北川中学的存在，并唤起记忆。校园遗迹经过抽象加工显得少了些悲伤，以此可以减少失去亲人的痛苦，但却不会淡忘逝去的生命。

将原北川中学的空间关系进行提炼，然后整合进园区的总体布局，是留下记忆的第一步，也是最为关键的步骤。具体操作办法是将校园废墟作为空间组织的依据，通过关键的两条斜交的轴线，构成整个园区的空间架构，实现裂缝与学校遗迹的整合。裂缝主轴联系纪念馆入口广场及教学楼废墟，以废墟及新设计的生命之门作为视线的两个终点。校园原有的校门及其背后通向操场方向的道路构成空间次轴线，与裂缝主轴线交叉。次轴线上串联了原校园最重要的空间节点，包括校门及其背后的景观道路、教研室建筑以及操场。

图 3-17 记忆 - 裂缝串联的北川中学

图 3-21 山脚下的祭奠园

图 3-22 记忆 - 北川中学的老树

　　第二步是将部分相关的校园建筑及废墟进行处理，通过简化和抽象保留其痕迹，以加强主、次两条轴线的空间意义。其中，关键举措是将倒塌的教学楼通过覆土筑成小山丘。由于废墟下至今还掩埋着的无数尸骨，"入土为安"的寓意巧妙地顺应了中国人的丧葬传统，得到了包括学生家属、政府等各方面的一致赞同。这种抽象的表达方式既保留了废墟，又保证了景观造型语言的统一。未被毁坏的宿舍楼的轮廓线以大地雕塑的方式被保留下来，成为学校历史的见证。操场则转换成了一个祭奠园，它是参观和凭吊的最后一站，依托平坦的操场、状况完好的看台以及附加围墙，构成了一个相对独立安静的小园区。

　　非常遗憾的是原北川中学的校门被要求拆除，校门原址最终被设计成一个小广场，暗示其曾经的存在。这个小广场也成为次轴线的起点，与处于终点的操场相呼应。两轴交汇点上的原教研室建筑在施工时未能按照设计建议保留其轮廓线，弱化了两轴相交的逻辑和意义；其余两栋校园建筑的痕迹由于超出了纪念馆园区的范围而无法得到保留；而废墟前的一棵老树则躲过一劫，在施工结束后依然矗立在那里。

97

图 3-20 记忆 - 入土为安与地面上的建筑轮廓

4

过程：从设计到建造

Process : From Design to Construction

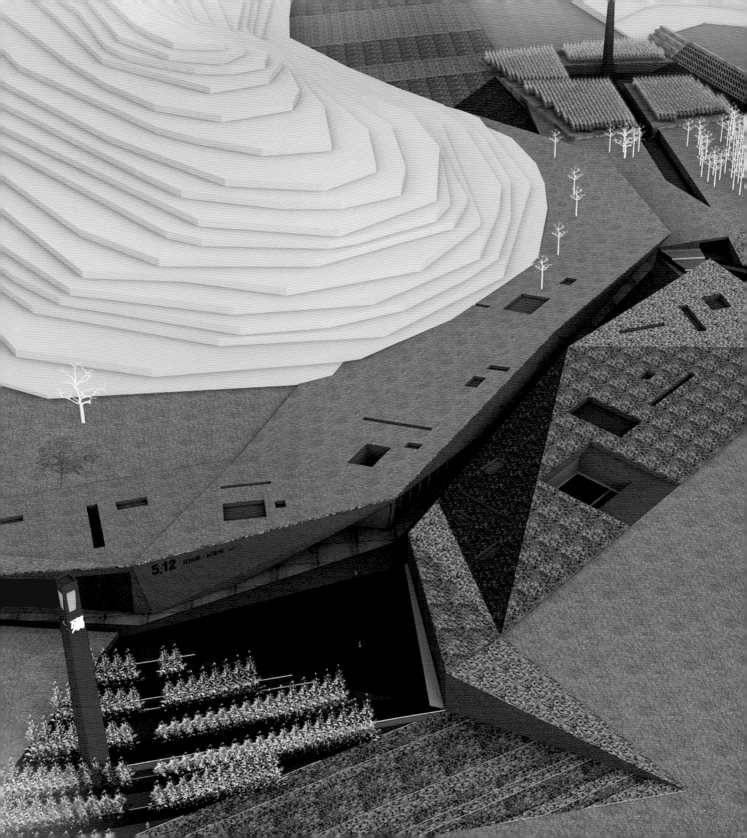

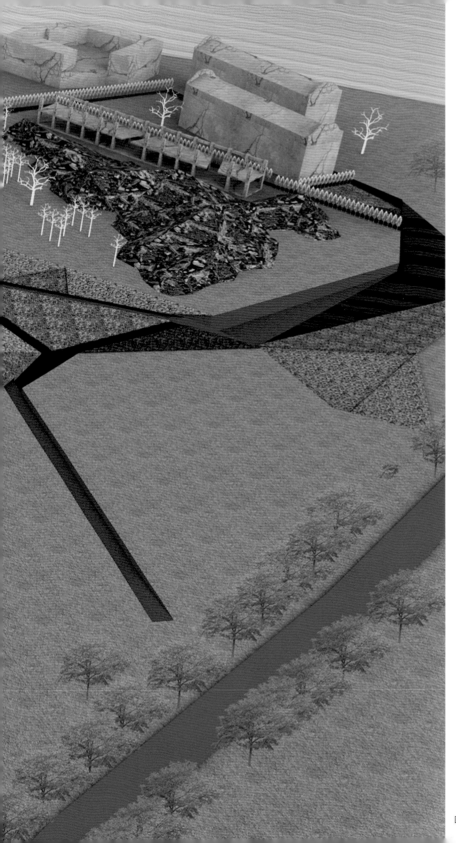

1. 竞标方案：直觉的选择
Design Competition: Intuitive Choice

"纪念是一种回忆，是一种自省，是现实与过去的交织，是对过去的缅怀，对未来的沉思。

……纪念馆通过下沉的坡道将人们引入地下，纪念之路如同一道裂缝，隐喻5•12汶川特大地震给人们带来的物质上和精神上的伤害与裂痕。随着纪念之路的展开，参观者穿过幽暗的通道，除了目睹展览带来的追思，同时感受空间尺度处理上带来的精神震撼，释放压抑已久的哀伤，清理地震带来的伤痕与郁结。当参观者由地下缓步走出，走向阳光明媚、视野开阔的纪念广场，豁然开朗的世界让人重回现在，截然不同的尺度昭示着一次情感宣泄的完成，引导人们积极回归，在宣泄后感受生命的美好与张力。"

——摘自竞标文本中的设计构思说明

图 4-1 竞标方案效果图

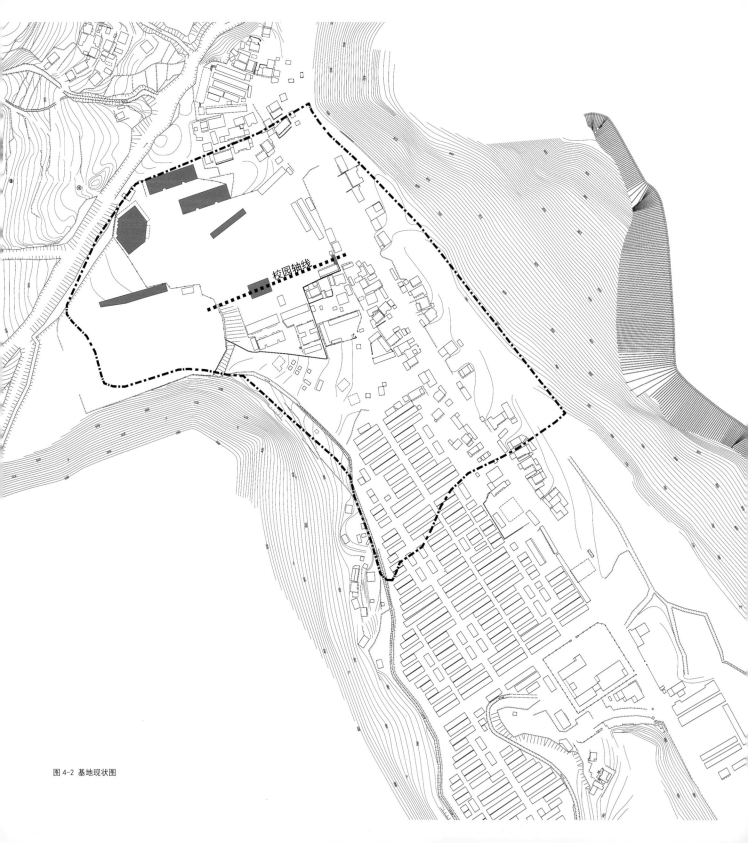

校园轴线

图 4-2 基地现状图

1) 基地特征

纪念馆基地四面环山，建设用地完整涵盖了原北川中学校址，校园南侧的开阔地也部分属于建设用地，地震后这里搭建了许多简易的临时安置房，比较有序地南北向排列着。基地的南侧是即将启动建设的新任家坪以及旅游集散中心，以多层建筑为主；北侧也规划了小体量的西山坡安置点；东侧是从绵阳去往老北川县城的、扩建过的山东大道；西侧紧贴建设用地是一个小山头。

校园内最醒目的遗存是那栋坍塌的教学楼废墟，两栋多层宿舍楼、图书馆、教研楼以及校门基本未损坏，进入校门后由一条林荫小道通向两层高的教研楼，其背后高处是学校的操场，也基本完好。

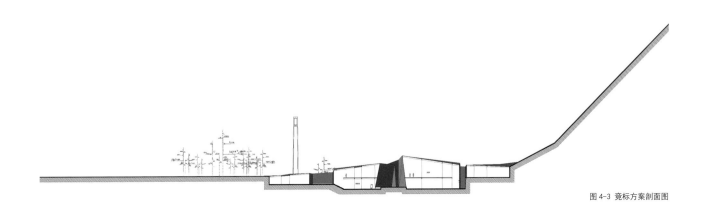

图 4-3 竞标方案剖面图

图 4-4 竞标方案立面图

103

2）方案特点

"裂缝"构成整个园区的空间骨架，也是参观凭吊的活动轨迹。裂缝系统由主、次轴线构成，主轴将纪念馆切分成东西两侧的两层高的主馆（纪念）与副馆（科普），起点是入口广场，从广场可以直接进入主馆，参观副馆则需要借道裂缝主轴线方可进入，裂缝主轴线将参观者的视线引向高处的教学楼废墟，经过几处空间转折，再将参观者导向高处的祭奠园。

次轴线与主轴线形成一个随机的夹角，它是不贯通的，这种隐性的处理方式提供一个从东侧观看祭奠园的视线通道，增添了空间体验的丰富性。

裂缝的地面以及两侧的墙面采用暗红色材料铺装，以象征地质构造。园区的两个开阔地——入口广场和祭奠园——分别设置了两个高塔，象征起点与终点。

非常引人注目的是，学校的遗存全都保留了下来，如实呈现。

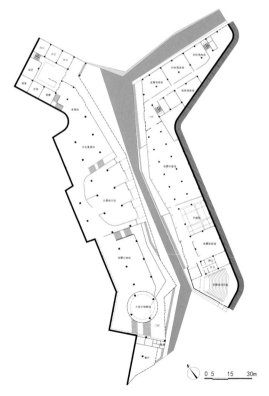

图 4-6 竞标方案一层平面

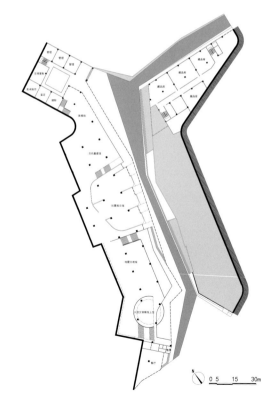

图 4-7 竞标方案二层平面

图 4-5 竞标方案模型一

105

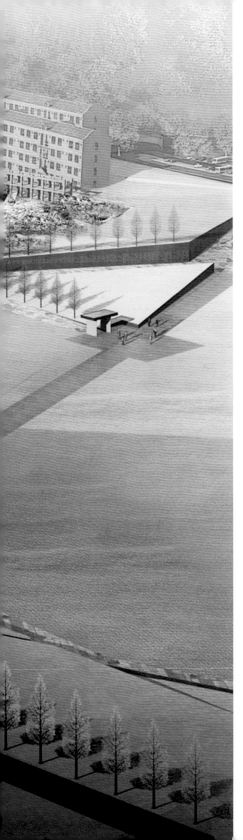

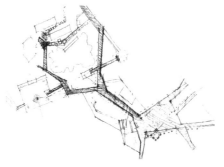

图 4-9 裂缝组织修改草图

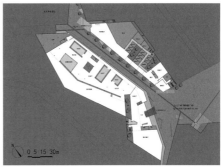

图 4-10 修改稿一层平面图

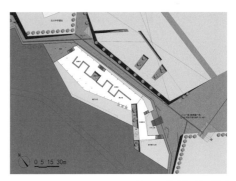

图 4-11 修改稿二层平面图

深化修改过程中作了五个重要的调整：

第一，将原北川中学的校门及其背后的林荫道定义为次轴线，它的起始点是原来的校门所在，以一个小型广场标识，并将其延伸至高处的祭奠园，强化了这条次轴线的空间意义，使学校的遗存更加有力地融入整体空间结构。原来那条走向随机的次轴线依然保留，但只作为副馆与山体的分隔缝，失去了轴线的意义。

第二，主馆的建筑层高被提高，副馆建筑被改成一层，构成主馆与副馆建筑之间的高差，以强化视觉效果。

第三，广场面积适当压缩，整个园区的形态更加明确，去除了多余形式元素，各空间节点之间的对位关系更加清晰和准确。降低入口广场的塔高，改造成门的形式，寓意"生命之门"；去除祭奠园内的塔。

第四，适当提高了裂缝的地面标高，使其与山东大道基本持平，以保证入口广场水平，同时减少施工中的土方量。

第五，确定了耐候钢板、锈斑板岩作为主要建筑选材，并以朴素的大面积草皮和水杉树作为绿化的基本格调。

图 4-8 修改稿效果图

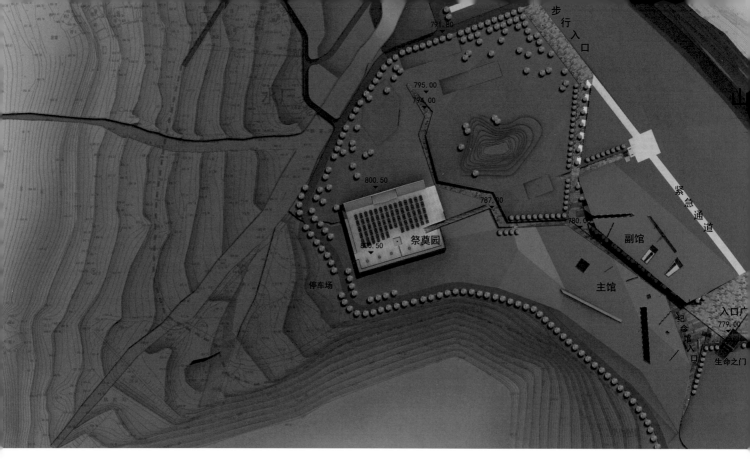

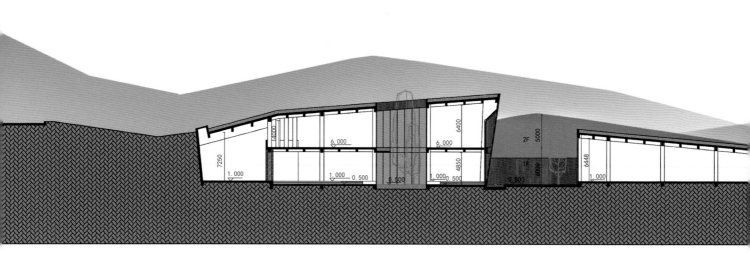

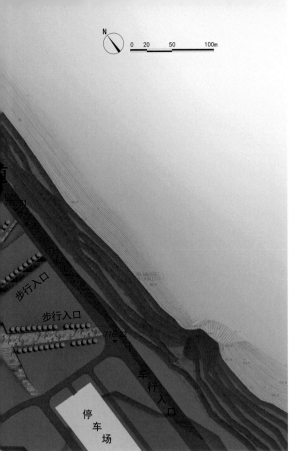

图 4-12 终稿总图

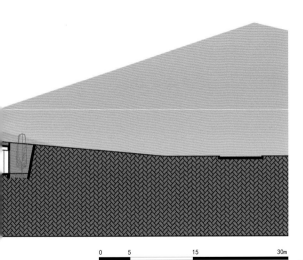

图 4-13 终稿剖面图

3. 方案终稿：留住原北川中学

Final Design: Keeping Beichuan High School

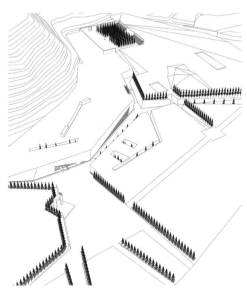

图 4-14 终稿鸟瞰

方案终稿有一个重大的调整，即原北川中学的遗存中明显突出地面的部分被基本去除，剩余的部分进行了艺术化的加工，变得抽象。

关键之举是将坍塌的教学楼覆土做成一个小山丘，寓意"入土为安"。其北侧宿舍楼的建筑轮廓线在地面上被耐候钢板刻画出来，形成地景。用同样的处理方法保留了次轴线上教研楼的痕迹。校门拆除后，校门遗址上的小广场暗示着过去原北川中学的存在。

操场的看台保留下来，成为祭奠园的空间围合元素，再配上其对面的耐候钢板围墙，构成一个内向的祭奠园。如果比较一下总平面图与效果图，可以发现，效果图中祭奠园前面那段分叉的裂缝最后在总平面图中消失了，目的也是为了尽量减少对环境的干预。

109

图 4-15 终稿效果图

4. 施工图纸：无限接近自然

Construction Drawing: Infinite Approach to Nature

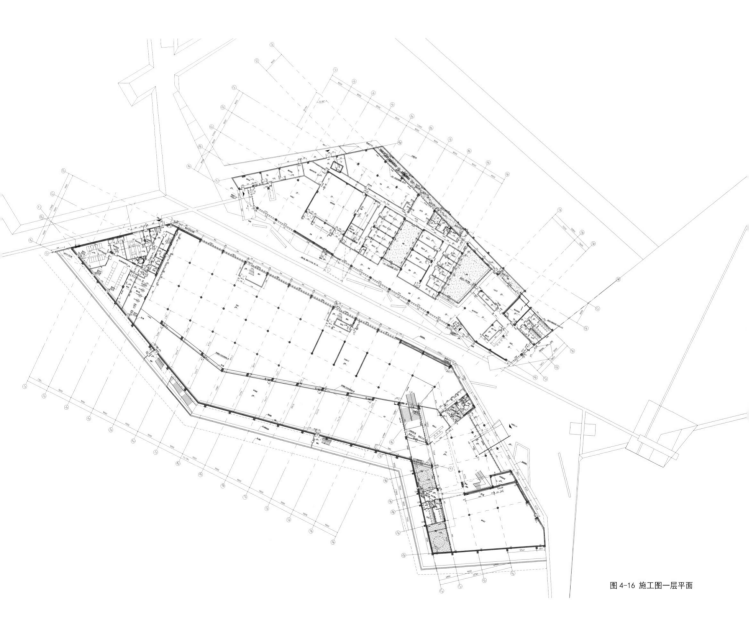

图 4-16 施工图一层平面

1）基本情况

建筑全部采用钢筋混凝土框架结构，从外观基本不可见，立面采用耐候钢板饰面。为保证后期展陈设计尽可能的灵活性，主馆的内部结构选择了9 m×9 m的柱网。建筑顶部覆土厚70 cm，以保证屋顶部分的草皮生长与没有建筑的区域完全一致的效果。建筑屋顶为转折变化的缓坡，使其与大自然状态接近。最后，主馆内部的正方形小庭院也被放弃，使得屋顶景观更加整体。

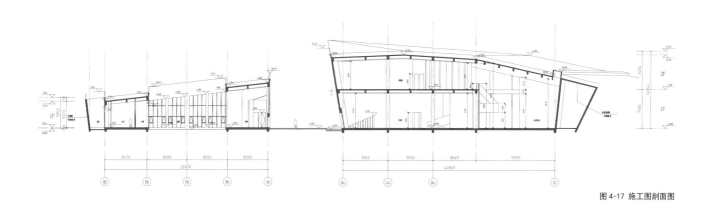

图 4-17 施工图剖面图

2）耐候钢板幕墙体系

　　施工图设计中最重要的决策是采用开放式的干挂耐候钢板幕墙体系，板厚 5 mm，四周内折 5 cm，并附加同样材料的加强肋，以保证钢板的抗风能力。板缝无硅胶，从而保证钢板的锈蚀效果不受硅胶的化学干扰，呈现出理想的自然效果。

　　立面钢板采取了三种不同尺寸的组合，以保证尽量自然的视觉效果。钢板的三种尺寸采用套裁，最大尺寸是一块整板，而一块中等板加两块小板正好是一块整板，这个尺寸组合还得考虑到 5 cm 的内折尺寸，避免钢板不必要的材料损耗。

　　建筑立面上开有大面积玻璃窗，采用框架玻璃幕墙体系。为形成与钢板幕墙的整体性，幕墙立杆布置在建筑立面外侧，并全部采用耐候钢板饰面。

　　这一构造原则贯穿始终，不论是在裂缝两侧的建筑立面，还是山体的挡土墙。

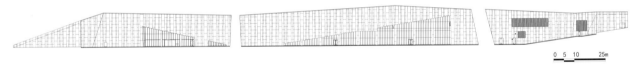

0　5　10　　　25m

图 4-18 耐候钢板幕墙立面展开图

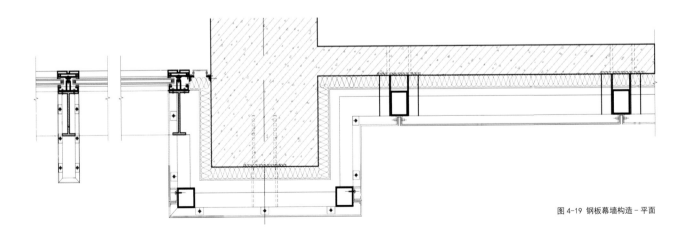

图 4-19 钢板幕墙构造－平面

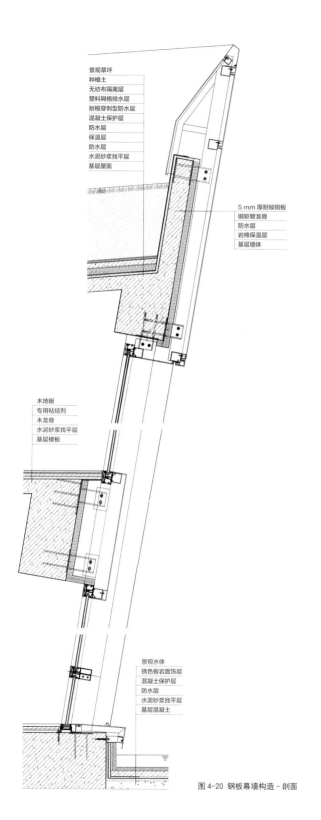

景观草坪
种植土
无纺布隔离层
塑料网格排水层
耐根穿刺型防水层
混凝土保护层
防水层
保温层
防水层
水泥砂浆找平层
基层屋面

5 mm 厚耐候钢板
钢矩管龙骨
防水层
岩棉保温层
基层墙体

木地板
专用粘结剂
木龙骨
水泥砂浆找平层
基层楼板

景观水体
锈色板岩面饰层
混凝土保护层
防水层
水泥砂浆找平层
基层混凝土

图 4-20 钢板幕墙构造－剖面

图 4-21 钢幕墙与玻璃幕墙

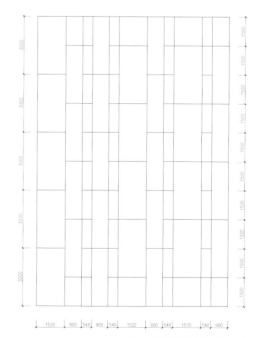

图 4-22 钢幕墙拼装方式与单元尺寸

3）裂缝地面铺装

　　广场和裂缝地面的铺装采用浅灰色锈斑板岩，与耐候钢板幕墙同样的拼装原则，大小交替，并且应用了三组不同尺度的石材组合，按区块划分，交替使用，以形成自然的视觉效果。石板尺寸分为 30 种不同大小，最大的 1200 mm×600 mm，最小的只有 200 mm×100 mm，铺装复杂，但保证了裂缝的设计效果。地面还设置了钢板线条，以区分不同尺度的石材；这些钢板线条同时引导广场和裂缝空间内部各视觉对景元素，既深化空间效果，又丰富地面造型。

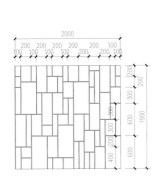
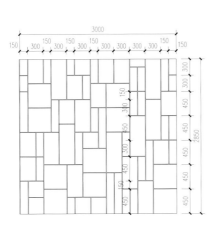
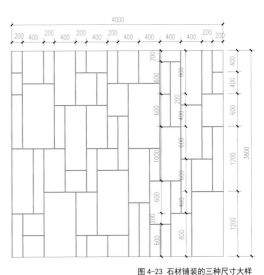

图 4-23 石材铺装的三种尺寸大样

116

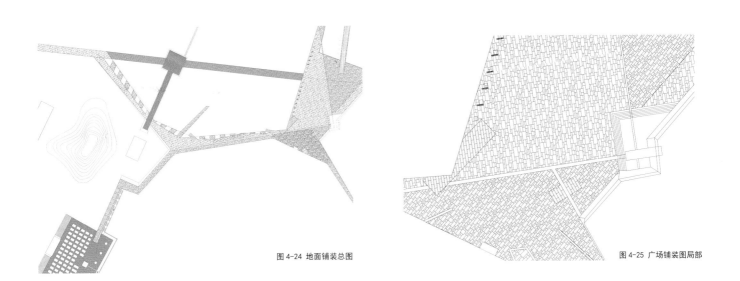

图 4-24 地面铺装总图

图 4-25 广场铺装图局部

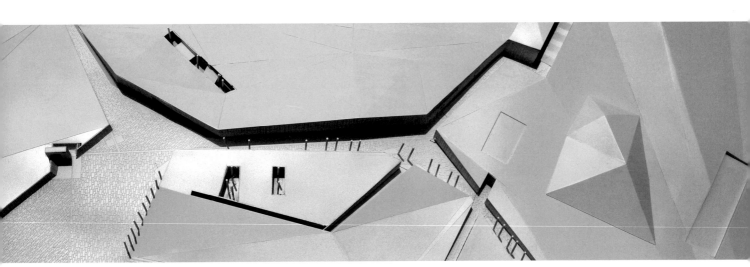

图 4-26 实施方案模型照一

4）三个节点

内庭院：由于采光通风的需要，设置了内庭院。主馆的内庭园串联在一起，成为门庭与展厅的过渡区域。由于庭院呈平行四边形，角上的四根钢筋混凝土柱也被设计成平行四边形截面，给玻璃墙和耐候钢板的构造设计增加了几何学难度。

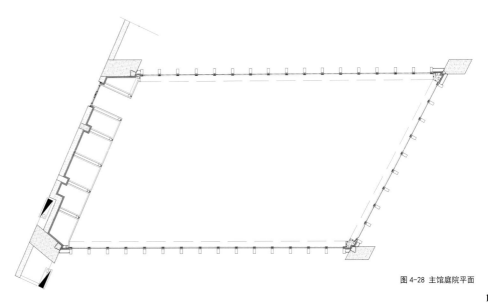

图 4-28 主馆庭院平面

图 4-27 主馆内庭院

119

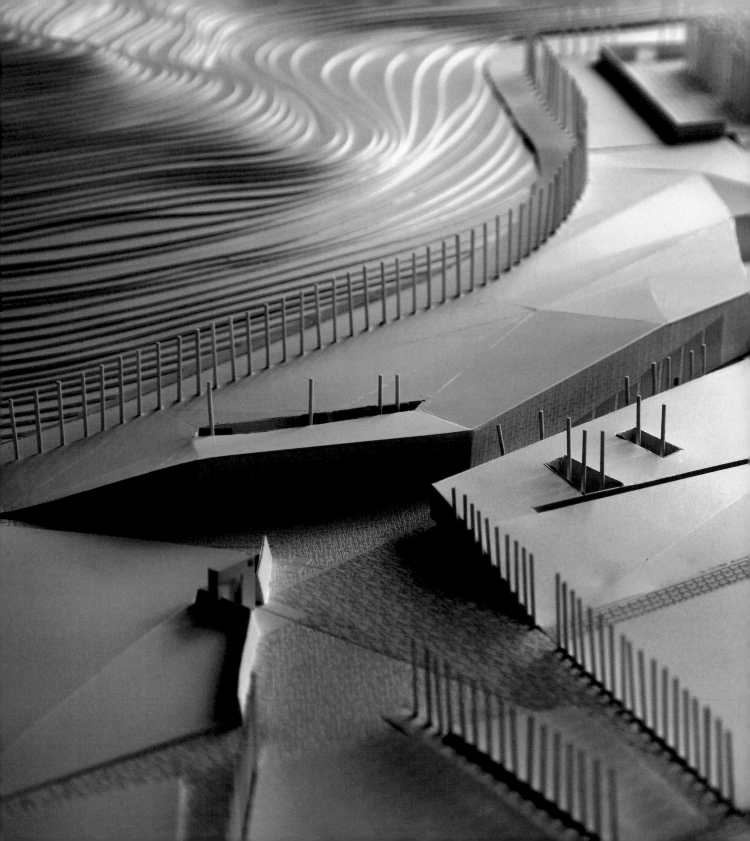

副馆天沟： 副馆与挡土墙之间的缝被构筑成较宽的天沟，以满足采光通风的要求。天沟局部区域覆盖玻璃，形成明亮的内部通道。这里的排水构造处理成为一个小的技术处理难点。

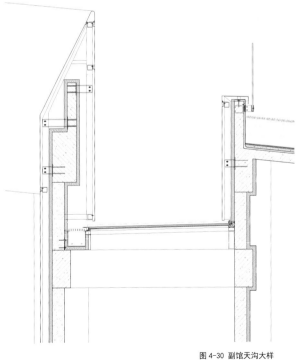

图 4-30 副馆天沟大样

图 4-29 实施方案模型照二

祭奠园墙：祭奠园墙几易其稿。原始的设想是内墙也采用耐候钢板，刻上死难者的名字；但因为数据统计一直不确定，所以选择了一个临时策略：用一道充满沧桑效果的石墙，营造祭奠园的氛围。最后选用的是 50 mm 宽、35 mm 厚的深灰色板岩，墙体从下往上有一个小的收分。墙体落成后，其斑驳的视觉效果出乎意料，很好地达到了预期。

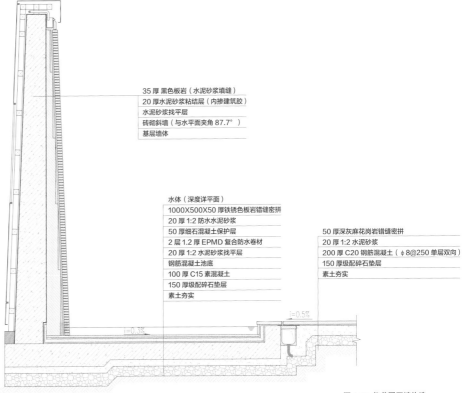

35 厚 黑色板岩（水泥砂浆填缝）
20 厚水泥砂浆粘结层（内掺建筑胶）
水泥砂浆找平层
砖砌斜墙（与水平面夹角 87.7°）
基层墙体

水体（深度详平面）
1000X500X50 厚铁锈色板岩错缝密拼
20 厚 1:2 防水水泥砂浆
50 厚细石混凝土保护层
2 层 1.2 厚 EPMD 复合防水卷材
20 厚 1:2 水泥砂浆找平层
钢筋混凝土池底
100 厚 C15 素混凝土
150 厚级配碎石垫层
素土夯实

50 厚深灰麻花岗岩错缝密拼
20 厚 1:2 水泥砂浆
200 厚 C20 钢筋混凝土（φ8@250 单层双向）
150 厚级配碎石垫层
素土夯实

图 4-32 祭奠园石墙构造

图 4-31 祭奠园石墙

5. 建设过程：坚守与折中

Construction: Persistence and Compromise

图 4-34 建筑与挡土墙

图 4-35 建筑外墙与挡土墙之间

2010 年 12 月 28 日，纪念馆建设进入施工阶段，北川县举行了隆重的开工仪式。

建筑体量其实是将基地的土移去后植入的，建筑外墙与支撑侧面山体的挡土墙之间留下了一个宽约 3 m 的缝，后来这个缝也被用作消防通道，并在其中设置了逃生楼梯。

图 4-33 作者参加开工仪式

图 4-36 屋顶上特制的混凝土肋

为保证屋顶的覆土不会因为坡度滑动，屋顶上特地设置了一些混凝土肋，用来支撑覆土。

图 4-37 屋顶的黄色覆土

原本设想选用狗牙根植草，其四季的色彩变化与生命的轮回相呼应。到了秋天，土黄色的草、红色的水杉与耐候钢板形成绝佳的色彩搭配。这种景象，我们今天只能从尚未植草的黄色覆土上感知一二了。

图 4-39 展厅中救灾场面

图 4-40 建成后的序厅

　　进入主馆，视线立即被引向前方的序厅。这个一层半高的序厅中设计了一道很长的展墙，用来展示特殊的内容，墙的顶部设计了一条通长天窗，让阳光从这里落入序厅，营造出戏剧性的效果。

　　后来这道墙用来展示一件大型青铜浮雕，主题为救灾场面。不知出于何种考虑，顶上的天窗后来被封了起来，代之以人工照明，天窗下的缝就显得很黑暗。展陈设计时还在序厅中央放置了一根醒目的"擎天柱"，象征人力无限。为此，原本序厅中的楼梯被移至旁边的内庭院园中，以避免原来那部楼梯对这根擎天柱的视线干扰。展陈设计的宗旨是要表达抗震救灾，而建筑设计则试图传递与大自然和谐相处的理念，此时，这二者显然没有很好地结合起来。

图 4-38 序厅中的天光

　　景观设计中，树木种类只考虑了水杉，并且相对自由地布局在广场和裂缝里。施工中出现了三处大的修改：一是在主馆入口的两侧补种了两棵大的银杏树，以使原本不对称的建筑入口看上去平衡一些，两棵大树四周还设置了花台，加强其视觉分量。二是在入口与生命之门之间种植了两棵球形的桂花树，树之间安放了一个微型售货亭。

图 4-41 广场与主馆入口

图 4-42 主馆入口鸟瞰

图 4-43 广场入口的水杉树

图 4-44 馆名设计

　　三是在广场入口一端，当中一条通道旁的一排水杉树，在种植好以后又去除了，据说是为了使建筑入口立面看上去完整一些。

　　现在去参观纪念馆，主馆与副馆的馆名非常醒目，并且显然与建筑的立面造型不协调。主馆的馆名字体造型更是明显地显露出让建筑入口对称一些的期望。其实，实施之前曾探讨过馆名的处理方案，其中一个方案是将馆名雕刻在生命之门上面，但未能实施。次轴线上的教研楼，与那栋宿舍楼一样，原被处理成地景造型，最后也未能实施。

图 4-45 建筑立面钢幕墙安装

图 4-46 挡土墙钢幕墙安装

图 4-47 钢幕墙转角安装焊接

图 4-48 挡土墙转角

　　由于耐候钢板幕墙尺寸很大，自重很重，安装困难，特别是向内倾斜的主馆建筑立面。耐候钢板的锈蚀有一个时间周期，因此刚安装好时还呈现出大面积的灰色效果。建筑转角的钢板尤其复杂，设计中原本希望是一块连续的折板，但由于复杂的几何关系，最后采取了两块板对接，然后焊接打磨的办法，基本达到设计效果。

图 4-49 祭奠园规则排列的土坑

效果非常相似的是祭奠园，这是一个有地面种植的庭院，呈几何形排列的土坑唤起人们对生命与死亡的遐想。种植以后，这种效果却减弱了。

图 4-50 挡土墙龙骨

挡土墙在安装耐候钢板之前展示出排列有序的钢龙骨，与环境也是一种呼应，人工与自然的对话更加强烈。完成后许多人工痕迹都被隐藏了。入口广场情况相同，水杉树种上了，广场地面却完全覆上混凝土，当地面的锈斑板岩铺装好后，这种对比也都消失了。

图 4-51 入口广场混凝土地面构造

那栋宿舍楼的轮廓成为地景之前，下面安放了许多死难者的骨灰盒，在覆土以前是一个非常肃穆的场景。

图 4-52 覆土前的宿舍楼轮廓地景

5

回声：理想与现实

Echo：Between Ideal and Reality

图 5-1 山谷里的大地裂缝

1. 调研目的：验证设计理念的接受程度

Motivation of Survey：Acceptance of Design Concept

纪念馆自 2013 年投入使用至今已四年多，在学术界产生了积极的影响。获得了包括 2015 年度亚洲建筑师协会建筑设计金奖在内的许多国际、国内重要奖项，通过欧洲许多重要建筑杂志进行了介绍和报道，参加了米兰三年展以及柏林 AEDES 机构 2016 年举办的"再兴土木——当代中国博物馆建筑展"。

然而，学术界的反应是否就代表了大众的认知？普通大众能否理解，或者又是如何接受建筑师的设计思想呢？在这个面向普通大众的项目中，建筑师从设计的起始就尝试传递一种让大众能够理解和接受的理念，通过一种非建筑的策略展示关于人与自然关系的思考，这一理念通过非建筑的造型语言予以呈现，并认为得到了较好贯彻。

带着这样的问题，2017 年国庆节前后，参与设计至建造全过程的设计团队核心成员专程前往北川县，在纪念馆现场进行了为期六天的实地调研。为了获取工作日及节假日不同的有效受访者，调研时间选在 2017 年 9 月 28 日至 10 月 3 日。调研方式主要是问卷采访，受访人群由游客、纪念馆建设方、管理运营方及当地居民组成。

2. 调研方法：指定问题与开放问题的问卷采访

Methodology of Survey：Appointed and Open Question

这次调研的目标是评测"人与自然"关系这一终极设计理念的接受程度，以问卷采访的方式从三个方面展开，即建筑与自然的关系、建筑的纪念性特征、原北川中学遗址的可读性，共设计了针对上述三方面的 27 个子问题（详见附录——调研问卷）以及 2 个开放性问题（子问题 28、29）。

问卷的分析评估采取从定量分析中间结果到定性总结归纳的方法。问卷中除了子问题 21 外，其余 26 个子问题均以简单问句的方式呈现，具有明确的导向性，目的是防止被访者给出模糊答案，不便于评估。问卷分析的具体步骤是，首先将这 26 个子问题的结果进行量化分析，在此基础上针对上述三方面的被解读情况进行评估，最后结合 2 个开放问题的调研结果，总结出设计理念被接受的总体情况。

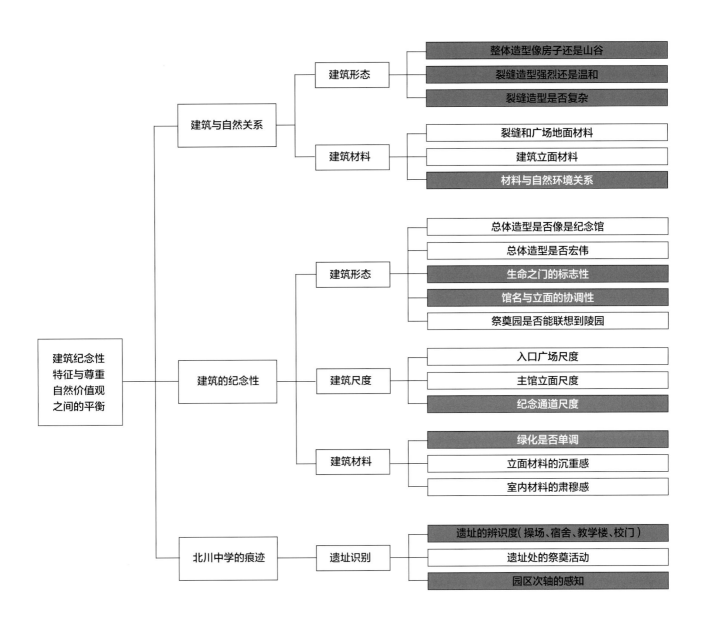

建筑形态
　整体造型像房子还是山谷
　裂缝造型强烈还是温和
　裂缝造型是否复杂

建筑与自然关系
建筑材料
　裂缝和广场地面材料
　建筑立面材料
　材料与自然环境关系

建筑形态
　总体造型是否像是纪念馆
　总体造型是否宏伟
　生命之门的标志性
　馆名与立面的协调性
　祭奠园是否能联想到陵园

建筑纪念性特征与尊重自然价值观之间的平衡

建筑的纪念性
建筑尺度
　入口广场尺度
　主馆立面尺度
　纪念通道尺度

建筑材料
　绿化是否单调
　立面材料的沉重感
　室内材料的肃穆感

北川中学的痕迹
遗址识别
　遗址的辨识度(操场、宿舍、教学楼、校门)
　遗址处的祭奠活动
　园区次轴的感知

3. 调研分析：量化分析基础上的定性分析

Analysis of Survey：Qualitative Analysis Based on Quantity

六天的采访中，共收到有效问卷138份，根据受访者对纪念馆不同的熟悉程度分为游客和周边常驻人员两大类。其中，游客83人，占60.1%；常驻人员共55人，占39.9%；55位常驻人员中，周边居民29人，纪念馆相关工作人员26人。其中3位周边居民及2位工作人员为罹难者家属。

83位受访游客中仅18位游客参观了副馆，而参观了祭奠园的游客数量为17位。完整完成了"广场—主馆—副馆—祭奠园"这一路线的游客数量仅为6人。根据访问，其原因主要为：副馆单独收费，故较多游客放弃参观；祭奠园距离较远，现场又无指引标识，许多游客并不知其存在。完整游览了整个园区的游客，其游览路线与设计预期相符。

1）建筑与自然的关系

从建筑的形态与材料两方面入手，分析公众对纪念馆与环境关系的认知。

■ 关于建筑形态（问题3、4、5）

就统计结果而言，六成的受访者认为纪念馆的建筑形象更像是自然山体的一部分，四成受访者则认为更像是建筑。这一比例说明了公众较难明确区分纪念馆建筑与自然环境的界限。而常驻人员因长期生活在纪念馆区域，对纪念馆有着更熟悉的认知，所以从统计结果上看，有更高比例的常驻人员认为纪念馆更像是建筑。72.3%的游客及69.1%的常驻人员认为"裂缝"的视觉效果强烈；81.9%的游客和72.7%的常驻人员认为"裂缝"的走势造型不复杂。这两组数据一方面印证了简洁的建筑造型更显深刻，另一方面说明虽然大多数公众认为纪念馆与环境融合，但也具有足够的昭示性。对于第一次见到纪念馆的游客，纪念馆与心目中的形象应有想象上的出入，形成强烈的心理冲击；常驻人员长期生活在纪念馆区域，习惯了纪念馆的造型，导致以上统计数据在两类人群中的比例差异。

3. 第一次看到纪念馆，您觉得它更像房子还是山谷的一部分？

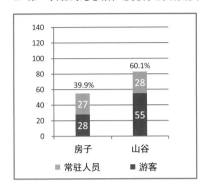
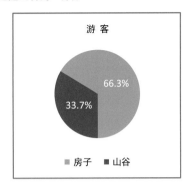
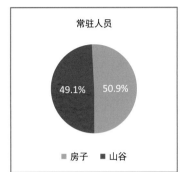

4. 您觉得裂缝的视觉效果强烈还是温和？

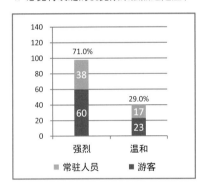
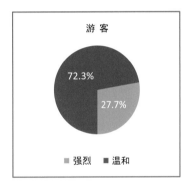

5. 你觉得裂缝的整个走势和造型看起来复杂吗？

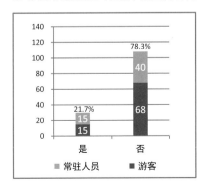

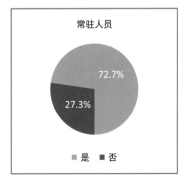

■ 关于建筑材料（问题 6、7、8）

　　逾九成受访者辨识出了地面材料，而耐候钢板的辨识度稍低，约八成；这大概是因耐候钢板的应用并不普遍，故导致部分受访者无法识别。近九成受访者认为这两种材料与整个自然环境是协调的，特别让建筑师感到欣慰的是，耐候钢板的色彩让许多受访者联想到裂开的大地；而地面的锈色板岩又是四川地区常见的山石，与耐候钢板的锈蚀颜色形成呼应。有小部分受访者认为耐候钢板的色彩和草坪绿化对比过于强烈。

6. 您知道地面是什么材料吗？

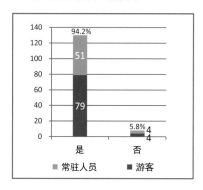
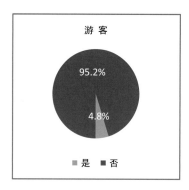
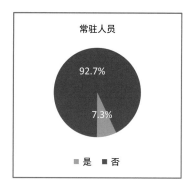

7. 您知道裂缝通道的外墙用的什么材料吗？

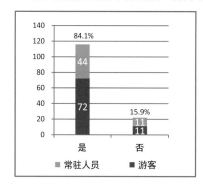
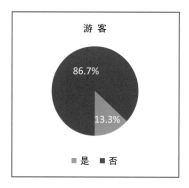

8. 您觉得这两种材料与整个自然环境协调吗?

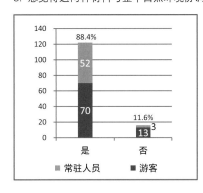
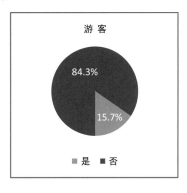
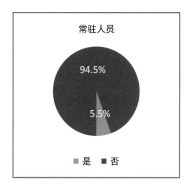

■ 小结：融入环境的建筑

　　综合上述分析，可以就第一个问题进行总结：建筑师的"非建筑的设计策略"较好地达到了预期，大部分受访者认为纪念馆与自然环境融为一体，而重点塑造的"裂缝"简单清晰的造型给人强烈的视觉冲击，使得纪念馆并未消隐于自然中，在融入的同时又展示了自身。

2）问题二：建筑的纪念性

　　问卷从建筑形态、建筑尺度及建筑材料三方面展开，论证建筑内敛的造型是否具有足够的纪念性。

■ 关于建筑形态（问题 9、10、13、17、18）

　　过半的游客认为建筑形象像纪念馆，认为不像纪念馆的大部分游客显然受到思维定式的影响：这部分受访者提及最多的是这个建筑和见到的其他纪念馆不一样，因其没有其他纪念馆那种突出的形象。认为建筑形象宏伟的受访者与认为本项目像是纪念馆的受访者重叠度较高。"生命之门"因为与景观挡土墙重合缺少了足够的独立性，对比广场的尺度其自身显得不够高大，因此多数受访者未能明确感知其存在。大多数受访者认为平行地面的馆名与倾斜的立面关系并无不妥，反映了在潜意识中大众对于对称性的普遍偏好。

9. 您觉得地震纪念馆像纪念馆吗?

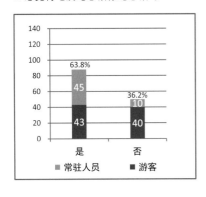

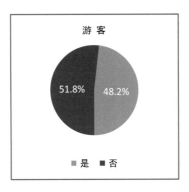

10. 您觉得纪念馆造型足够宏伟吗?

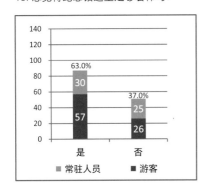

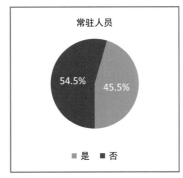

13. 您觉得广场一侧的门形构筑物是否有足够的标志性?

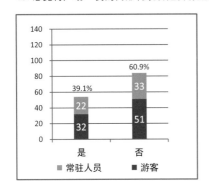

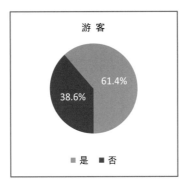

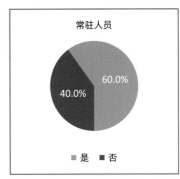

17. 您觉得立面上的馆名和倾斜的立面看上去协调吗?

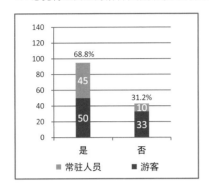
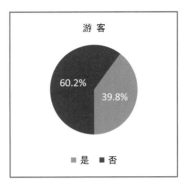
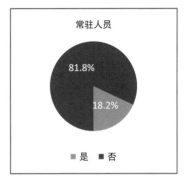

18. 祭奠园会不会让您联想到陵园?

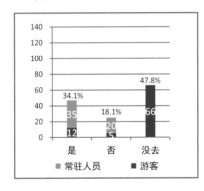
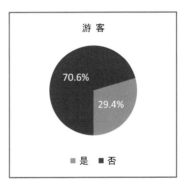
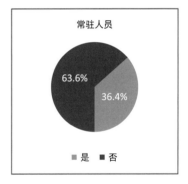

■ 关于建筑尺度（问题 12、14、15）

　　七成受访者认为纪念馆足够高大。斑驳的石墙和均匀阵列的树木让到访祭奠园的绝大多数受访者联想到了陵园。但主副馆间的纪念通道（"裂缝"）因间距较大且两端都较为开敞，仅一半受访者觉得有压迫感。而建筑师一直担心的广场过大的问题也并未在调研结果中体现：整个园区开敞的格局弱化了受访者对尺度的感知，部分游客认为通过广场进入园区后，步行至主馆入口的距离稍长。

12. 您觉得入口广场过大吗?

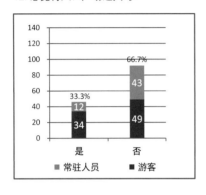

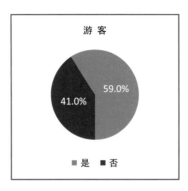

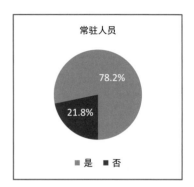

14. 在广场看纪念馆您是否觉得它足够高大?

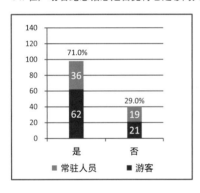

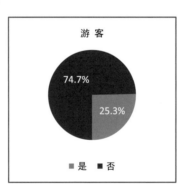

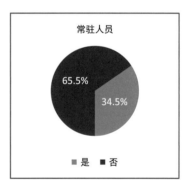

15. 您觉得进入裂缝通道有压迫感吗?

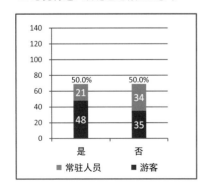

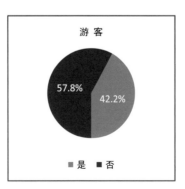

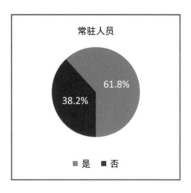

■ 关于建筑材料（问题 11、16、19）

受访者基本认为：耐候钢板的色彩和质地给人沉重的心理感受，呼应了地震纪念馆的主题。灰色为主色的室内空间让人觉得肃穆，符合纪念馆的特质。绝大部分受访者认同纯粹简单的大面积草坪绿化，简单的植草坡地使得纪念馆与自然更好地融合，同时又突出了"裂缝"造型。

11. 园区这样纯粹的草坪绿化，您会觉得单调吗？

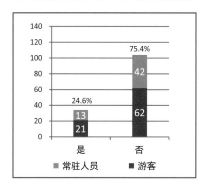
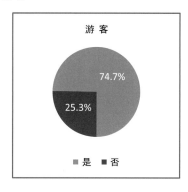

16. 耐候钢板的颜色和质感会让您觉得沉重吗？

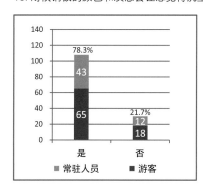
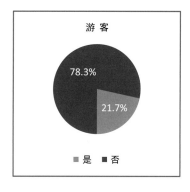
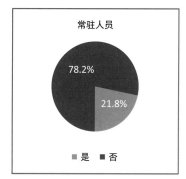

19. 灰色调的室内空间显得肃穆吗？

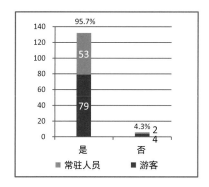
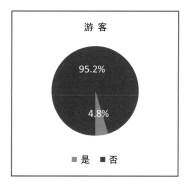
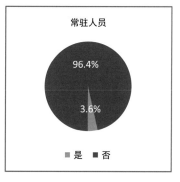

■ 小结：内敛而又突出的纪念性

　　建筑师试图通过内敛的建筑形态彰显建筑的纪念性，从统计结果看，这一点引起了大多数受访者的共鸣：耐候钢板和草坪、石材共同构建出充满张力的"裂缝"，清晰地隐喻地震事件，参观者也通过建筑的尺度、材料等感受到了纪念馆庄重肃穆的氛围。

3）原北川中学痕迹

　　此部分的问卷意在验证保留下来的原北川中学遗址是否能够被识别，以论证设计中关于场所记忆的保留是否达到了预期。

■ 关于遗址的辨识度（问题 20、21、22、23、24 ）

　　受访者中有 68 位知晓灾前的北川中学，绝大部分人能辨识出园区内原北川中学遗址留下的痕迹：祭奠园北侧的台阶辨识度最高，95.6% 受访者能明确指出那里是看台或操场；而经过抽象处理为正方形小广场的原北川中学校门辨识度虽低，但也有六成受访者能准确识别；原北川中学教学楼、宿舍楼的辨识度也都超过了八成。由此可见，对于熟知原北川中学的人而言，经过抽象和艺术化处理的遗址痕迹亦能够被清晰地识别。

20. 您知道原北川中学的位置吗?

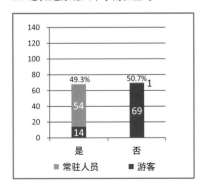

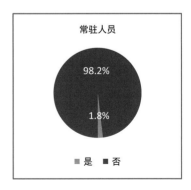

21. 您觉得祭奠园一侧的台阶看起来像是什么?

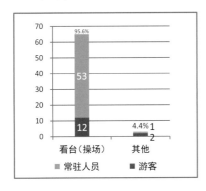
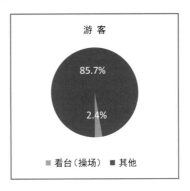
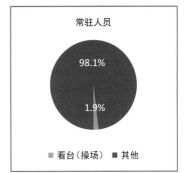

22. 您能不能辨认出那栋倒塌教学楼废墟的位置?

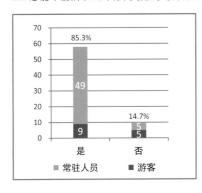
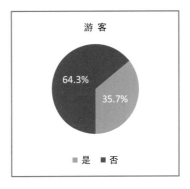
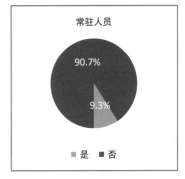

23. 您能知道东侧土丘的来历吗?

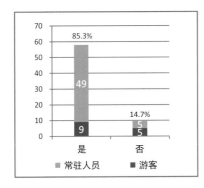
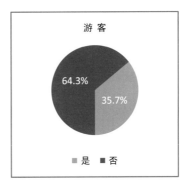
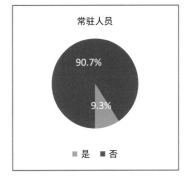

24. 您能不能辨认出原北川中学宿舍楼的位置?

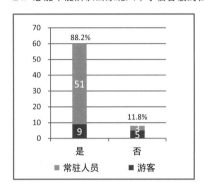
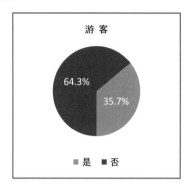
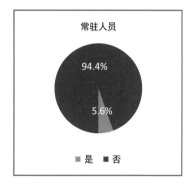

■ 关于遗址处的祭奠活动（问题 25）

76.5% 的受访者观察到了原宿舍楼处的祭祀活动。部分受访者也提及了每到传统节日和祭日，都会去建筑遗址旁设置的焚香台进行祭奠活动，现场也可见到祭奠活动留下的痕迹。以寓意"入土为安"堆土处理的废墟得到了罹难者家属的高度赞同，最终成为罹难者家属祭奠遇难者的场所。

25. 您是否曾观察到在园区北侧的长方形平台（焚香台）有人凭吊?

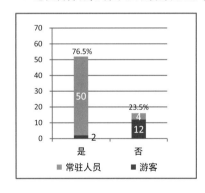

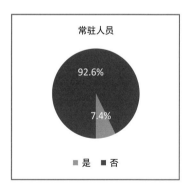

■ 关于园区次轴线的感知（问题 26、27）

　　由于通常无法从空中观察，仅一半受访者明确感知到了设计中"校门—教学楼遗址—操场"这一次轴线的存在：站在原校门小广场上沿轴线西望，突起的小山丘遮挡住了祭奠园，需要从更高的视点看整个园区，才能比较清晰地观察出这一轴线关系。

26. 您能不能辨认出原北川中学校门的位置?

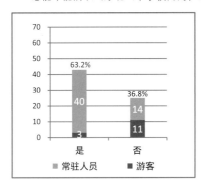
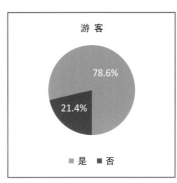

27. 请问您能否看出校门背后裂缝通道对着原北川中学的遗迹?

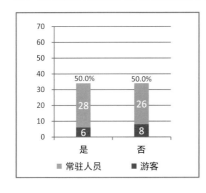
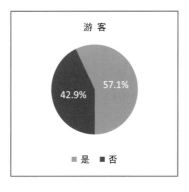
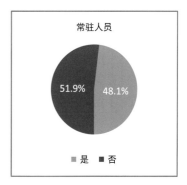

所有受访者几乎不同程度地辨认出被整合进园区空间造型的原北川中学遗迹。将最能表达生命和事件的关键元素以某种抽象的方式保留下来，并整合进纪念馆园区，建筑师的坚持也被证明为绝大部分知悉原北川中学历史的公众接受。

4）开放性问题

开放性问题就纪念馆最让受访者印象深刻的因素展开，邀请受访者简短描述对本项目的直观印象，作为前面指定问题的补充，避免问卷设计的疏漏。

■ 关于园区内印象最深刻的部分

受访者对园区印象最为深刻的还是纪念馆的"裂缝"，被提及次数多的还有园区内保留下来的原北川中学遗址。大部分受访者表示缝裂的造型很直观地使人联想到地震，极具冲击力的造型给受访者留下了深刻的印象。而被不同程度保留下来的原北川中学遗址更是被部分受访者形容为"历史的沉淀""不能忘怀的过去"。

■ 关于纪念馆的整体印象

被访问者大多用"感动""庄严""沉重""肃穆""深刻难忘"来形容纪念馆给他们留下的印象；对当地人，特别是罹难者家属而言，"沉痛""感动""铭记"都是被提及最多的词汇，保留的原北川中学遗址成为引发情感寄托和宣泄的媒介；而对于外来的游客，纪念馆也成功地塑造了安静肃穆的氛围。

4. 调研总结：公众的回应

Summary：Echo of the Public

这次调研总共完成 138 份有效问卷，数量不算大，但如果系统归纳调研结果，可以发现受访者在认知上的高度一致。因此，这次调研在一定程度上反映出公众对纪念馆建筑设计理念的认知与接受程度。从调研结果的分析中可以发现两点值得关注的内容：

1）关于"人与自然"对话的设计理念，人工的与自然的两种元素的结合与平衡，得到了公众广泛认知与认同，几项调研数据可以支撑这一结论：

整体关系：认为纪念馆像建筑或山体两种不同观点的人群比例极为接近；

裂缝造型：大部分受访者认为裂缝的视觉效果简洁而强烈；

材料选择：绝大多数受访者认为本项目使用的建筑材料与自然环境协调。

2）出乎建筑师预料的几点：

遗址辨识：绝大多数熟知原北川中学的受访者能识别出学校痕迹；

生命之门：大部分受访者未曾注意到广场旁的这一标志物；

馆名设计：大多数受访者并未留意到馆名与立面的不协调性；

空间尺度：建筑师试图在裂缝中营造的压迫感并未得到感知；

绿化造型：能接受不加装饰的简单草坪绿化的受访者比例非常高。

总体上看，尽管感受深刻，大部分受访者都忽视了建筑实体的形，而把关注的重点放在了空的"裂缝"上，说明建筑师的造型处理方式积极地影响了观者，建筑的纪念性特征与尊重自然价值观之间的平衡策略被大多数的受访者感知和接受；这是此次调研结果中最积极的反馈。

附录

一、调研问卷

01. 您的身份是?

 □ 游客 □ 周边居民 □纪念馆相关工作人员 □罹难者家属

02. 您今天参观游览的顺序是?

 □广场   □主馆 □副馆 □祭奠园

03. 第一次看到纪念馆,您觉得它更像房子还是山谷的一部分?   □房子 □山谷

04. 您觉得裂缝的视觉效果强烈还是温和?   □强烈 □温和

05. 你觉得裂缝的整个走势和造型看起来复杂吗?   □是 □否

06. 您知道地面是什么材料吗?   □是 □否

07. 您知道裂缝通道的外墙用的什么材料吗?   □是 □否

08. 您觉得这两种材料与整个自然环境协调吗?   □是 □否

09. 您觉得地震纪念馆像纪念馆吗?   □是 □否

10. 您觉得纪念馆造型足够宏伟吗?   □是 □否

11. 园区这样纯粹的草坪绿化,您会觉得单调吗?   □是 □否

12. 您觉得入口广场过大吗?   □是 □否

13. 您觉得广场一侧的门形构筑物是否有足够的标志性?   □是 □否

14. 在广场看纪念馆您是否觉得它足够高大?   □是 □否

15. 您觉得进入裂缝通道有压迫感吗?   □是 □否

16. 耐候钢板的颜色和质感会让您觉得沉重吗?   □是 □否

17. 您觉得立面上的馆名和倾斜的立面看上去协调吗?   □是 □否

18. 祭奠园会不会让您联想到陵园?   □是 □否

19. 灰色调的室内空间显得肃穆吗?   □是 □否

20. 您知道原北川中学的位置吗?   □是 □否

21. 您觉得祭奠园一侧的台阶看起来像是什么?   ————————

22. 您能不能辨认出那栋倒塌教学楼废墟的位置?   □是 □否

23. 您能知道东侧土丘的来历吗?   □是 □否

24. 您能不能辨认出原北川中学宿舍楼的位置?   □是 □否

25. 您是否曾观察到在园区北侧的长方形平台(焚香台)有人凭吊? □是 □否

26. 您能不能辨认出原北川中学校门的位置?   □是 □否

27. 请问您能否看出校门背后裂缝通道对着原北川中学的遗迹？　　　　　□是　　□否

28. 整个纪念馆园区，给您留下印象最深刻的是哪个部分？

29. 请用一句话来形容纪念馆建筑给您留下的印象？

二、开放性问题数据统计

30. 整个纪念馆园区，给您留下印象最深刻的是哪个部分？

纪念馆造型和外观：73 人，占 52.9%：
其中：裂缝造型，42 人；覆土建筑形式，18 人；建筑材料，13 人。

北川中学遗址：46 人，占 33.3%：
其中：原北川中学遗址的保留设计，27 人；祭奠园，11 人；土丘、焚香台，8 人。

其他（展陈）：19 人，占 13.8%：
展陈内容，16 人；室内空间，2 人。

31. 请用一句话来形容纪念馆建筑给您留下的印象？

被访者提的高频词汇及其人数和占比：
肃穆、庄严，52 人，占 37.6%；
沉重、深刻，46 人，占 33.3%；
震撼、冲击，34 人，占 24.6%；
难忘、铭记，30 人，占 21.7%；
感动、感慨，29 人，占 21%；
会联想到地震事件，21 人，占 15.2%；
干净简洁，17 人，占 25.0%；
自然合一、与环境协调，7 人，占 10.3%

建筑信息

Project: 5 • 12 Wenchuan Earthquake Memorial

Location: Beichuan, Sichuan Province

Design content: architecture, landscape architecture, interior design (public area)

Structure: reinforced concrete frame structure

Design period: 2010.04 – 2010.12

Construction period：2010.12 – 2013.05

Site dimension: 142 300 m^2

Built area: 14 280 m^2

Design company: Tongji Architectural Design (Group) Co.,Ltd

Architect: CAI Yongjie

Design team: CAO Ye, LIU Hanxin, QIU Honglei

项目名称： 5·12汶川特大地震纪念馆

项目地点： 四川北川曲山镇任家坪（原北川中学校址）

建设单位： 5·12汶川特大地震纪念馆管理中心（原绵阳市唐家山堰塞湖治理暨北川老县城保护工作指挥部）

设计时间： 2010.04 — 2010.12

建造时间： 2010.12 — 2013.05

用地面积： 142 300 m²

建筑面积： 14 280 m²

设计内容： 建筑设计、景观设计、室内设计（公共区域）

建筑高度： 16 m

建筑层数： 2层

结构形式： 钢筋混凝土框架结构

建筑材料： 耐候钢板、灰色锈斑板岩、花岗岩、水泥美工板（室内）等

立面构造： 耐候钢板开放式幕墙体系

设计机构： 同济大学建筑设计研究院（集团）有限公司

建筑设计： 蔡永洁、曹野、刘韩昕、邱洪磊

结构设计： 李学平

设备设计： 龚海宁（水）、孙峰（电）、毛华雄（暖）

十年历程

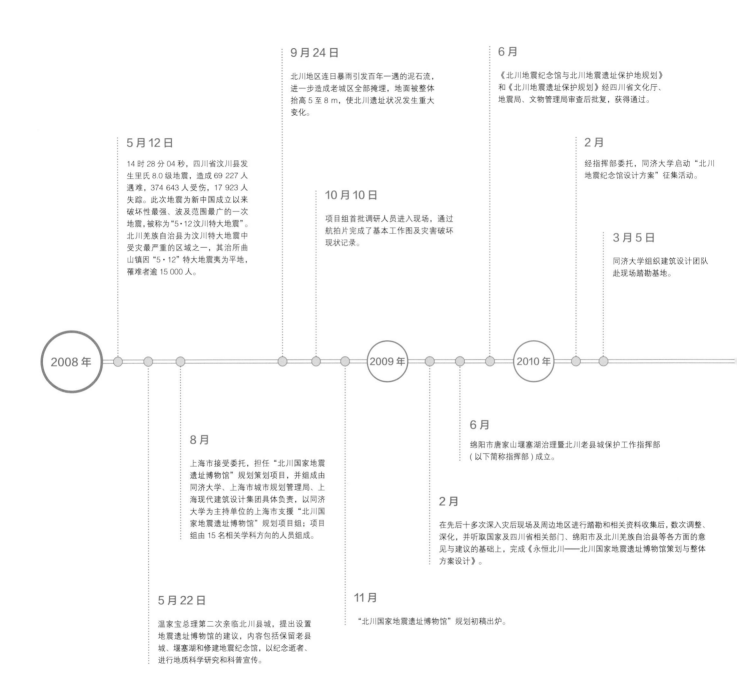

9 月 24 日

北川地区连日暴雨引发百年一遇的泥石流，进一步造成老城区全部掩埋，地面被整体抬高 5 至 8 m，使北川遗址状况发生重大变化。

6 月

《北川地震纪念馆与北川地震遗址保护地规划》和《北川地震遗址保护规划》经四川省文化厅、地震局、文物管理局审查后批复，获得通过。

5 月 12 日

14 时 28 分 04 秒，四川省汶川县发生里氏 8.0 级地震，造成 69 227 人遇难，374 643 人受伤，17 923 人失踪。此次地震为新中国成立以来破坏性最强、波及范围最广的一次地震，被称为"5·12汶川特大地震"。北川羌族自治县为汶川特大地震中受灾最严重的区域之一，其治所曲山镇因"5·12"特大地震夷为平地，罹难者逾 15 000 人。

10 月 10 日

项目组首批调研人员进入现场，通过航拍片完成了基本工作图及灾害破坏现状记录。

2 月

经指挥部委托，同济大学启动"北川地震纪念馆设计方案"征集活动。

3 月 5 日

同济大学组织建筑设计团队赴现场踏勘基地。

2008 年   2009 年   2010 年

8 月

上海市接受委托，担任"北川国家地震遗址博物馆"规划策划项目，并组成由同济大学、上海市城市规划管理局、上海现代建筑设计集团具体负责，以同济大学为主持单位的上海市支援"北川国家地震遗址博物馆"规划项目组；项目组由 15 名相关学科方向的人员组成。

6 月

绵阳市唐家山堰塞湖治理暨北川老县城保护工作指挥部（以下简称指挥部）成立。

2 月

在先后十多次深入灾后现场及周边地区进行踏勘和相关资料收集后，数次调整、深化，并听取国家及四川省相关部门、绵阳市及北川羌族自治县等各方面的意见与建议的基础上，完成《永恒北川——北川国家地震遗址博物馆策划与整体方案设计》。

5 月 22 日

温家宝总理第二次亲临北川县城，提出设置地震遗址博物馆的建议，内容包括保留老县城、堰塞湖和修建地震纪念馆，以纪念逝者、进行地质科学研究和科普宣传。

11 月

"北川国家地震遗址博物馆"规划初稿出炉。

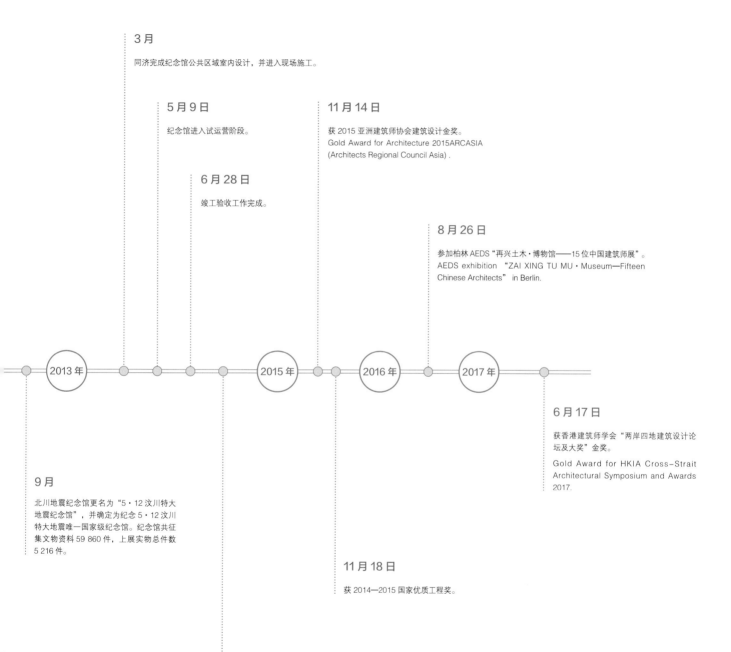

3 月

同济完成纪念馆公共区域室内设计，并进入现场施工。

5 月 9 日

纪念馆进入试运营阶段。

11 月 14 日

获 2015 亚洲建筑师协会建筑设计金奖。
Gold Award for Architecture 2015ARCASIA
(Architects Regional Council Asia) .

6 月 28 日

竣工验收工作完成。

8 月 26 日

参加柏林 AEDS "再兴土木·博物馆——15 位中国建筑师展"。
AEDS exhibition "ZAI XING TU MU·Museum—Fifteen
Chinese Architects" in Berlin.

2013 年　　　　　　　2015 年　　2016 年　　2017 年

6 月 17 日

获香港建筑师学会"两岸四地建筑设计论坛及大奖"金奖。
Gold Award for HKIA Cross–Strait
Architectural Symposium and Awards
2017.

9 月

北川地震纪念馆更名为"5·12 汶川特大地震纪念馆"，并确定为纪念 5·12 汶川特大地震唯一国家级纪念馆。纪念馆共征集文物资料 59 860 件，上展实物总件数 5 216 件。

11 月 18 日

获 2014—2015 国家优质工程奖。

8 月

获上海市建筑学会第五届建筑创作奖优秀奖。

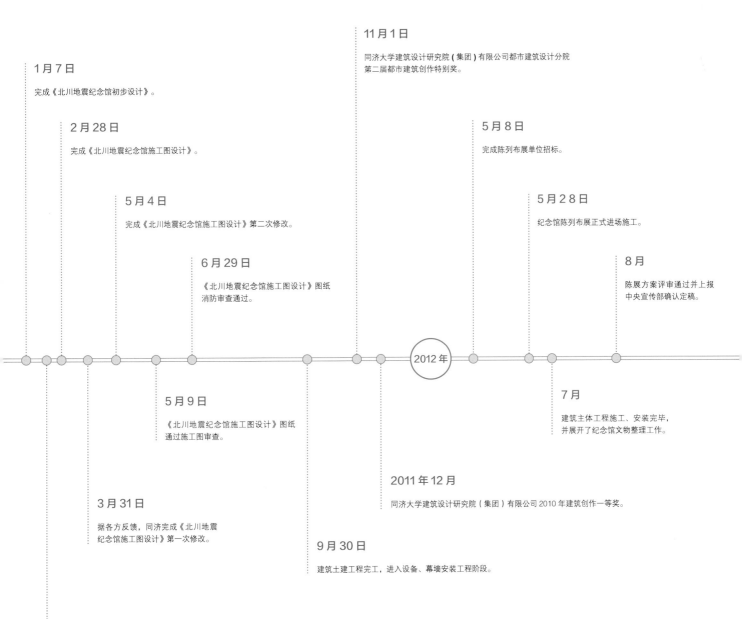

11 月 1 日

同济大学建筑设计研究院 (集团) 有限公司都市建筑设计分院
第二届都市建筑创作特别奖。

1 月 7 日

完成《北川地震纪念馆初步设计》。

5 月 8 日

完成陈列布展单位招标。

2 月 28 日

完成《北川地震纪念馆施工图设计》。

5 月 28 日

纪念馆陈列布展正式进场施工。

5 月 4 日

完成《北川地震纪念馆施工图设计》第二次修改。

8 月

陈展方案评审通过并上报
中央宣传部确认定稿。

6 月 29 日

《北川地震纪念馆施工图设计》图纸
消防审查通过。

2012 年

5 月 9 日

《北川地震纪念馆施工图设计》图纸
通过施工图审查。

7 月

建筑主体工程施工、安装完毕，
并展开了纪念馆文物整理工作。

2011 年 12 月

同济大学建筑设计研究院 (集团) 有限公司 2010 年建筑创作一等奖。

3 月 31 日

据各方反馈，同济完成《北川地震
纪念馆施工图设计》第一次修改。

9 月 30 日

建筑土建工程完工，进入设备、幕墙安装工程阶段。

1 月 27 日

《北川地震纪念馆初步设计》获北川羌族自治县
规划建设局批复通过。

9月5日

同济提交新一轮修改方案，对立面材料及入口广场位置进行了不同方案的研究。

4月5日

同济大学共征集36个概念方案，经内部比选，推选出14个设计方案进行概念深化设计。

10月1日

四川省委、省政府对修改方案进行最后批复；认为方案充分体现了"裂缝"的创意，操作性强；确定采用"裂缝"方案进行深化，不再采用"花祭"方案；同时提出纪念馆应整体体现5·12汶川特大地震这一历史事件，要求不再保留北川中学遗址。

6月22日

四川省文物管理局主持召开"北川地震纪念馆概念性建筑设计方案评审会"，推荐以"花祭"和"裂缝"方案为基础，进行综合和优化设计。

10月19日

同济再次提交修改方案；以地景造型再现北川中学遗址，将教学楼废墟覆土掩埋，在自然融入环境的同时，表达对逝者"入土为安"的尊重；利用原操场平地，设置祭奠园。

12月31日

指挥部组织相关部门评审并通过了《北川地震纪念馆建筑方案深化设计》。

2011 年

8月7日

四川省政府常务会议专题审议《北川地震纪念馆方案设计》，本着特色、生态、自然、简朴、科学的原则，确定"裂缝"方案，建议可以考虑与"花祭"方案相结合。

12月28日

地震纪念馆在北川羌族自治县曲山镇任家坪正式开工建设，中国华西企业股份有限公司进驻现场，开展前期场地整理工作。

8月25日

指挥部再次组织专家会议，建议立面使用地方材料、总体布局与北川中学遗址结合以及取消花朵建筑群，通过其他形式来体现"花祭"的立意。

12月21日

提交《北川地震纪念馆建筑方案深化设计》。

11月3日

完成《北川地震纪念馆建筑方案设计》。

4月28日

经绵阳市规划管理局对同济提出的14个概念方案的审阅，选出并公布"裂缝""花祭""轨迹""大地网格""守望故土"，5个建筑概念方案公开征集意见。

10月25日

"裂缝"方案通过方案设计初审。

图片索引

后 记

那场大地震过去十周年了。这个建筑作品现在能以这样的形式出现，也是对在那次灾难中逝去的生命的一种纪念。

我们想设计一个属于北川的、属于这次事件的纪念物。为了尽量减少无关元素的干扰，设计中完全回避了地域性建筑元素的表达，将造型的重点放在了属于大自然的、不带任何文化色彩的元素上，通过"裂缝"表达人与自然、生命与死亡的主题。因为我们相信，在这一沉重的自然事件中，文化的因素显得那么轻，逝去的生命才是主角。去除了任何文化包袱，因此才显得简单而深刻。采取一种消隐的造型策略，是为了体现对大自然的敬畏之心，同时表达对逝去生命的尊重，这是我们通过设计试图表达的价值观。

非常幸运的是，从设计到施工，我们占据了天时地利人和。纪念馆能够高质量顺利实施，与许多人的共同努力是分不开的。

这里首先要衷心感谢在方案意见征询阶段支持这个方案的建筑学校和设计院的同行，有了你们的价值认同，这个方案才有可能最后呈现在决策者面前。

我还必须对四川省人民政府的决策者们表达充分的敬意，选择这个非常另类的建筑方案是需要勇气的。

感谢项目委托方 5·12 汶川特大地震纪念馆管理中心（原绵阳市唐家山堰塞湖治理暨北川老县城保护工作指挥部）的同仁们，感谢他们的充分理解、支持以及辛勤的工作。

感谢建筑施工方四川华西集团有限公司的同仁，你们的责任心和认真态度保证了建筑的高质量实施。

特别感谢同济大学建筑与城市规划学院以及同济大学建筑设计研究院（集团）有限公司，同济大学的学术民主作风让我们所有的同事有机会参与这次设计实践，从而保证方案遴选的水准，而设计院强大的技术支撑是项目实施的保证，感谢汤朔宁院长在项目管理上给予的始终如一的支持，感谢张洛先总建筑师对设计工作给予的重要技术咨询，感谢吴长福院长在项目管理和技术上给予的支持，感谢同济大学建筑与城市规划学院对本书出版的大力支持。

感谢《时代建筑》徐洁副主编给予本书出版的策划建议，感谢同济大学出版社江岱老师不断的激励，感谢徐希编辑和钱如潺编辑的非常专业的工作，感谢摄影师邵峰的精彩摄影作品。

最后，还要感谢我们设计团队的所有成员，感谢同济设计院二院的工程师李学平、龚海宁、孙峰、毛华雄对设计工作的贡献，感谢我的助手曹野、刘韩昕、邱洪磊的积极参与，特别感谢曹野在本书许多资料整理以及插图绘制上的支持以及问卷工作的付出，感谢大家的共同努力！

2018 年 4 月

图书在版编目（CIP）数据

5·12 汶川特大地震纪念馆设计与建造：与自然的对话 / 蔡永洁著 . -- 上海：同济大学出版社，2018.5
  ISBN 978-7-5608-7791-4

Ⅰ. ① 5… Ⅱ . ①蔡… Ⅲ . ①地震 – 纪念馆 – 建筑设计 – 汶川县 Ⅳ . ① TU251.3

中国版本图书馆 CIP 数据核字 (2018) 第 055298 号

5·12 汶川特大地震纪念馆设计与建造：
与自然的对话

蔡永洁 著

出 品 人　华春荣
策划编辑　江　岱
责任编辑　徐　希　责任校对　徐春莲　装帧设计　钱如潺

出版发行　同济大学出版社　　www.tongjipress.com.cn
　　　　　（地址：上海市四平路 1239 号 邮编：200092 电话：021-65985622）
经　　销　全国各地新华书店
印　　刷　上海雅昌艺术印刷有限公司
开　　本　889 mm × 1194 mm　1/16
印　　张　10.5
字　　数　336 000
版　　次　2018 年 5 月第 1 版　2018 年 5 月第 1 次印刷
书　　号　ISBN 978-7-5608-7791-4
定　　价　128.00 元

本书若有印装质量问题，请向本社发行部调换　　　版权所有　侵权必究